热带海水中材料的微生物腐蚀与污损防护

柴 柯 吴进怡 著

北京
冶金工业出版社
2017

内 容 提 要

　　本书主要分析了热带海水中微生物对碳钢腐蚀行为及材料力学性能的影响，研究了热带海水中微生物对防腐涂层的分解作用及腐蚀进程的影响，介绍了高压脉冲电场作用下炭黑和碳纤维改性防腐涂层的抗微生物污损性能。

　　本书可供从事生物腐蚀与污损、涂料领域的工程设计人员、科研与管理人员参考，也可作为高等院校、科研院所相关专业的研究生教材及本科相关方向的毕业设计指导用书。

图书在版编目（CIP）数据

热带海水中材料的微生物腐蚀与污损防护/柴柯，
吴进怡著. —北京：冶金工业出版社，2017. 10
　ISBN 978-7-5024-7649-6

Ⅰ. ①热… Ⅱ. ①柴… ②吴… Ⅲ. ①热带—船舶
污损—海水腐蚀—有机物腐蚀—防腐 Ⅳ. ①TG172.5

中国版本图书馆 CIP 数据核字（2017）第 246554 号

出　版　人　谭学余
地　　　址　北京市东城区嵩祝院北巷 39 号　邮编　100009　电话　（010）64027926
网　　　址　www.cnmip.com.cn　电子信箱　yjcbs@cnmip.com.cn
责任编辑　杨盈园　美术编辑　彭子赫　版式设计　孙跃红
责任校对　石　静　责任印制　牛晓波
ISBN 978-7-5024-7649-6
冶金工业出版社出版发行；各地新华书店经销；三河市双峰印刷装订有限公司印刷
2017 年 10 月第 1 版，2017 年 10 月第 1 次印刷
169mm×239mm；11.5 印张；224 千字；173 页
44.00 元
冶金工业出版社　投稿电话　（010）64027932　投稿信箱　tougao@cnmip.com.cn
冶金工业出版社营销中心　电话　（010）64044283　传真　（010）64027893
冶金书店　地址　北京市东四西大街 46 号（100010）　电话　（010）65289081（兼传真）
冶金工业出版社天猫旗舰店　yjgycbs.tmall.com
（本书如有印装质量问题，本社营销中心负责退换）

前　言

　　海洋生物腐蚀与污损是一个整体过程。海洋中的微生物和动植物附着在海洋工程设施和船舶表面形成海洋生物污损。海洋生物污损是一个动态的累积过程，通常被描述为 4 个发展阶段：首先，分子间作用力使得浸没材料表面沉积一层大分子的蛋白质和多糖，形成调节膜；随后单细胞微生物（细菌，微藻等）黏附形成微生物膜；紧接是宏观生物的孢子和幼虫进一步附着，包括大型藻类的孢子、藤壶金星幼虫、管虫幼虫和贝类幼虫等；最后是附着的宏观生物的孢子和幼虫发育为成体，并继续附着在浸没材料的表面。其中，微生物膜的形成是海洋生物腐蚀与污损的关键环节。一方面，微生物的附着为宏观海洋生物如藤壶、牡蛎等的幼虫提供了食物，诱导了宏观生物污损的形成；另一方面，通过微生物膜内微生物的代谢活动及影响金属表面的电解质传输，微生物膜改变了金属表面的局部微环境。因此，金属表面与微生物膜界面的 pH 值、溶解氧浓度、有机物和无机物种类和浓度都大大有别于本体溶液。这些差别导致了电化学反应的发生，进而改变了金属腐蚀的速率，这种微生物参与的电化学腐蚀过程称为微生物腐蚀。微生物腐蚀引起金属材料的缝隙腐蚀、点蚀、去合金腐蚀、冲刷腐蚀、增强的电偶腐蚀、应力腐蚀开裂和氢脆，是生物腐蚀的主要类型。另外，作者的研究表明海洋污损微生物还可以分解高分子防腐涂层，进而加速基底金属的腐蚀。热带海水中微生物的种类和数量都极为丰富，环境因素使得热带海水中材料的微生物腐蚀与污损非常严重，因此，热带海水中材料的微生物腐蚀与污损防护的研究相当重要。

本书首先详细分析了热带海水中的微生物对碳钢的腐蚀行为及材料力学性能的影响，包括海水中的天然微生物对碳钢的腐蚀行为及材料力学性能的影响，海水中的单种微生物对碳钢的腐蚀行为及材料力学性能的影响，海水中两种微生物的协同作用对碳钢的腐蚀行为的影响；其次具体分析了热带海水中的微生物对防腐涂层的分解作用及腐蚀进程的影响；最后深入探讨了高压脉冲电场作用下炭黑和碳纤维改性防腐涂层的抗微生物污损性能。

本书是作者多年来在海洋微生物腐蚀与污损防护领域研究成果的总结。

本书可供从事生物腐蚀与污损、涂料领域的工程设计人员、科研人员和管理人员参考，也可作为高等院校、科研院所相关专业的研究生教材及本科相关方向的毕业设计指导用书。

由于作者水平有限，书中若有不妥之处，敬请读者批评指正。

作　者

2017 年 3 月

目　　录

1 热带海洋气候下海水中微生物对 25 钢腐蚀行为的影响

1.1 试验材料和试样

实验材料为经均匀化退火后的 25 钢圆钢（齐齐哈尔市宏顺重工集团有限公司出产），其化学成分见表 1-1。经线切割后，失重试样、表面分析试样规格尺寸分别为 50mm×25mm×3mm 和 15mm×10mm×3mm，在试样一端打一直径为 3mm、圆心距边缘 5mm 的孔。试样表面均用 200 号至 1200 号砂纸逐级打磨后，分别经丙酮除油、蒸馏水冲洗、酒精脱水处理，最后干燥恒重，失重试样称取原始质量（准确到 1mg），测量尺寸（准确到 0.02mm）。

表 1-1 25 钢成分

元 素	C	Mn	Si	S	P	Ni	Cr	Mo	Nb	Cu	W	Al	V	Ti
质量分数 w/%	0.24	0.53	0.32	0.027	0.019	—	0.02	—	—	—	—	—	—	—

1.2 海洋环境模拟

取海口市假日海滩海滨浴场海水，部分海水经 121℃高温蒸汽灭菌 20min 后，分别进行以下两组实验：A 组（自然海水组）取自然海水至玻璃实验箱内，将失重试样和表面分析试样用绝缘丝悬挂其中；B 组（无菌海水组）取冷却至室温的灭菌海水至特制无菌玻璃实验箱内，以相同方法将样品悬挂其中，作无微生物影响的对照组，以确定微生物对腐蚀的单因素影响。

挂片采用 7d、14d、28d、91d、184d 和 365d，每个试验周期每种试样做 5 个平行试样。实验箱内海水温度保持恒定为 26℃，每 7d 更换一次海水，每次换水前后均对自然海水和灭菌海水理化指标进行测定，测定结果显示无菌海水和自然海水理化性能基本相同，盐度大约为 33‰，溶解氧大约为 6mg/L，pH 值大约为 8.1。挂片的实验箱静置于无菌室内。

1.3 测试及分析方法

1.3.1 平均腐蚀速率测定

每个腐蚀试验周期结束后，取出失重试样，依照 GB 5776—1986 清除腐蚀产物，计算平均腐蚀速率。

腐蚀产物的清除方法如下：

（1）试样从海水取出后立即用水冲洗并用硬毛刷除去表面疏松的腐蚀产物。

（2）浸入酸中清洗腐蚀产物，酸液配比：盐酸（密度 1.1g/cm³）500mL，六次甲基四胺 20g，加水至 1L，在室温下清除干净为止。

（3）取出用自来水冲洗干净然后利用无水乙醇超声波脱水。

（4）取出及时吹干，放在干燥器中 24h 后称重。

（5）称重后，每种试样取一块重复上述酸洗处理，再次称重，两次称重之差规定为处理过程中金属的损失，用于校正腐蚀失重。平均腐蚀速率计算：

$$平均腐蚀速率(mm/a) = (K \times W)/(A \times T \times D) \tag{1-1}$$

式中　$K = 3.65 \times 10^3$；

　　　W——试样腐蚀失重，g；

　　　A——试样面积，cm²；

　　　T——试验时间，d；

　　　D——材料密度，g/cm³。

1.3.2　腐蚀表面分析

取腐蚀后的表面分析试样，用蒸馏水轻轻漂洗，酒精脱水后烘干，使用扫描电镜（SEM）观察腐蚀表面和横截面形貌，并采用 X 射线衍射（XRD）方法和能谱（EDS）半定量分析确定腐蚀产物的化学成分和元素组成，试样横截面垂直界面方向的成分变化通过线性扫描方法确定。腐蚀产物分析完毕后，用硬毛刷除去试样表面疏松的腐蚀产物，同样按 GB 5776—1986 清除腐蚀产物，采用 SEM 观察试样暴露出的表面基体形貌。

用化学分析法测腐蚀产物中 S、C 含量，取样后，把腐蚀产物分成表层和紧贴碳钢的内锈层两部分，分析内锈层中 S、C 含量。腐蚀产物中 S、C 的测定方法是将内锈层磨碎并用蒸馏水清洗，去除表面吸附的硫酸盐。随后用酒精三次脱水，经管式燃烧炉燃烧法测定硫化物中的硫，再计算腐蚀产物中的 S、C 含量。

1.3.3　腐蚀产物中微生物组成鉴定

1.3.3.1　分离用培养基的准备

根据海洋环境中可能存在的微生物，采用如下培养基对腐蚀产物中的细菌进行分离培养：

（1）2216E 培养基。该培养基用于分离需氧菌和兼性厌氧菌，配方如下：蛋白胨，5g；酵母浸粉，1g；琼脂，20g；陈海水，1000mL。培养基配好后用 NaOH 将 pH 值调整为 7.8，121℃，高压灭菌 20min 后，制作为琼脂平板备用。

（2）柠檬酸铁铵培养基。该培养基用于分离铁细菌，配方如下：柠檬酸铁铵，10g；$MgSO_4 \cdot 7H_2O$，0.5g；$(NH_4)_2SO_4$，0.5g；K_2HPO_4，0.5g；$CaCl_2 \cdot 6H_2O$，0.2g；$NaNO_3$，0.5g；琼脂，20g；陈海水，1000mL。培养基配好后用 NaOH 将 pH 值调整为 7.0，121℃，高压灭菌 20min 后，制作为琼脂平板备用。

（3）硫代硫酸钠培养基。该培养基用于分离硫细菌，配方如下：$(NH_4)_2SO_4$，4g；KH_2PO_4，4g；$MgSO_4 \cdot 7H_2O$，0.5g；$CaCl_2$，0.25g；$FeSO_4 \cdot 7H_2O$，0.01g；$NaS_2O_3 \cdot 5H_2O$，10g；琼脂粉，20g；海水，1000mL，121℃，高压灭菌 20min 后，制作为琼脂平板备用。

（4）厌氧菌（硫酸盐还原菌 SRB）的分离采用 GB/T 14643.5—1993。

1.3.3.2 鉴定用试剂和培养基的制作

A 革兰氏染液的配制

（1）草酸铵结晶紫染色液。将 13.87g 结晶紫加入到 100mL 95% 的酒精溶液之中，配制成结晶紫饱和酒精溶液，取该饱和酒精溶液 2mL，加入纯化水 18mL 稀释 10 倍，再加入 1% 的草酸铵水溶液 80mL，混合过滤即成。

（2）革兰氏碘溶液。将碘化钾 2g 置研钵中，加纯化水约 5mL，使之完全溶解。再加入碘片 1g，予以研磨，并徐徐加水。至完全溶解后，注入瓶中，补加纯化水至全量为 300mL 即成。

（3）沙黄水溶液。将 3.41g 沙黄加入到 100mL 95% 的酒精溶液之中，配制成沙黄饱和酒精溶液，将沙黄饱和酒精溶液以纯化水稀释 10 倍即成。

B 细胞色素氧化酶试纸的制备

将质地较好的滤纸用 1% 的盐酸二甲基对苯撑二胺浸润，在室内悬挂风干，干后剪成 0.5cm×5cm 大小的纸条，放在密封的容器中。4℃冰箱中保存，备用。

C 葡萄糖发酵产气培养基。

该培养基用于细菌利用葡萄糖产酸、产气能力的测试，葡萄糖，10g；蛋白胨，5g；1% 溴百里草酚兰，3mL；酵母粉，1g；陈海水 1000mL，分装于试管（每个试管都加有一枚倒立的小发酵管）10 磅高压灭菌 10min 后备用。

1.3.3.3 试样的采集与处理

使用盛满自然海水（取自海南省海口市假日海滩）的实验箱，海水温度保持为 26℃左右。将挂片用绝缘丝悬挂于实验箱内，实验期间，实验箱的内海水每周更换一次。试样浸泡 7d、28d、91d、184d、365d 后用灭菌的塑料刮片无菌刮取碳钢腐蚀产物，称重，用无菌海水做 10 倍系列稀释，并涂布于各种分离培养基平板上。对于分离需氧菌的平板放置于室温下培养 48~72h 后计数，对于兼性厌氧菌和铁细菌分离的平板放置在蜡烛缸内室温下厌氧培养 48~72h 后计数，对于硫细菌分离的平板放置于室温下培养 7~8d 后计数。计数后，将数据换算成每克刮取物中含的细菌数量。每种碳钢的每个时间点均取 3 个试样。

1.3.3.4   细菌的鉴定

在各分离板中，选择菌落清晰、分散而且菌落数在 30～300 个之间的平板，随机地挑取 30 个菌落，用与之相同的分离培养基和分离条件进行纯培养后，置 4℃冰箱中保存，供细菌鉴定之用。参照《伯杰细菌鉴定手册》中所列的菌属，并结合细菌的生存环境、细菌培养条件、菌落形态、细菌的形态、革兰氏染色特征、糖发酵特征，氧化酶试验等将需氧及兼性厌氧细菌鉴定到属，对于本方法不能鉴定的需氧及兼性厌氧菌列为未知菌属。对于硫酸盐还原菌本研究没有进行细菌的详细的分类，仅对其进行总体的定性和定量研究。对于铁细菌挑取 10 个菌落进行鉴定，主要是根据细菌的形态进行分类。

1.4   微生物对 25 钢腐蚀行为的影响

1.4.1   平均腐蚀速率

自然海水的盐度约为 3.3%，溶解氧约为 6mg/L，pH 值约为 8.1。因降雨等因素，每周海水理化指标略有差别，但波动不大。测试结果显示，灭菌后海水的盐度、溶解氧、pH 值和自然海水差别不大，可以认为对实验结果没有影响。

25 钢在 A 组（自然海水组）和 B 组（无菌海水组）中浸泡各个周期的平均腐蚀速率如图 1-1 所示。

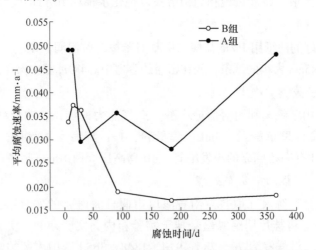

图 1-1   25 钢在 A 组（自然海水组）和 B 组（无菌海水组）中的平均腐蚀速率随时间的变化情况

由图 1-1 可以看出，25 钢 A 组和 B 组试样的腐蚀规律有较大差别。A 组试样在腐蚀实验初期，材料的平均腐蚀速率随浸泡时间延长最初保持不变，继而大幅下降。随浸泡时间进一步延长,材料的平均腐蚀速率略有波动。当浸泡时间达到 365d 时,平均腐蚀速率大幅增加至接近腐蚀初期 7d 数值,为 184d 时平均腐蚀速率的 1.7 倍。B 组试样在腐蚀实验初期,材料的平均腐蚀速率随浸泡时间延长略有增大,但随浸泡时间进一步延长而下降,当时间超过 91d 后,延长浸泡时间对材料平均腐蚀速率影响不大。

除 28d 实验周期外,其他腐蚀周期下,A 组的平均腐蚀速率均大于 B 组。浸泡时间为 7d 时,A 组的平均腐蚀速率为 B 组的 1.4 倍;腐蚀 14d 时,A 组的平均腐蚀速率仍大于 B 组,但差值略有缩小;浸泡 28d 时,A 组的平均腐蚀速率小于 B 组;浸泡 91d 时,A 组的平均腐蚀速率为 B 组的 1.9 倍;进一步延长浸泡时间,B 组的平均腐蚀速率变化不大,但 A 组的平均腐蚀速率有波动。浸泡时间为 365d 时,A 组的平均腐蚀速率快速上升至 0.048mm/a,为 B 组的 2.6 倍。自然海水和灭菌海水除微生物外,其他腐蚀条件相同,因此上述结果可充分说明微生物对碳钢在海水中腐蚀所起到的显著作用。

1.4.2 腐蚀表面分析

各周期腐蚀试验结束后,首先对试样表面进行肉眼观察,发现在自然海水和无菌海水中腐蚀后,试样表面腐蚀产物附着情况有较大差别。A 组试样浸泡 7d 后表面形成一层较薄的黄褐色腐蚀产物层,用刮样刀片轻轻刮取腐蚀产物发现,腐蚀产物层就像一个"壳",这说明 7d 后微生物已经在试样表面形成较完整的生物膜。由 XRD 分析可知,腐蚀产物干燥后为 FeO(OH),如图 1-2 (a) 所示,由于三种碳钢材料的腐蚀产物 XRD 谱相近,因此只给出 45 钢的 XRD 图谱,下同。随着浸泡时间的延长,A 组试样表面腐蚀产物逐渐变厚,当浸泡 91d 和 184d 后,腐蚀产物分为两层,内层呈黑色淤泥状,外层呈黄褐色,较为松散,XRD 分析表明,黑色内层腐蚀产物和黄褐色外层腐蚀产物干燥后均为 FeO(OH) 和 Fe_2O_3,如图 1-2 (b) 所示。浸泡 365d 后,腐蚀产物外层仍呈黄褐色,较为松散。XRD 分析表明,该层腐蚀产物干燥后仍为 FeO(OH) 和 Fe_2O_3;内层黑色产物却出现了不同,靠近外锈层区呈淤泥状,而靠近基体一侧层板结状,试样干燥后磨去黄褐色腐蚀产物层,露出的黑色腐蚀产物中部分呈现白色。由 XRD 谱(图 1-2 (c))分析可知,腐蚀产物为 $CaCO_3$ 和 $FeFe_2O_4$。腐蚀时间小于 184d 时,清洗掉试样表面腐蚀产物后,肉眼未观察到明显的腐蚀坑。腐蚀 365d 试样,剥去锈层后,可以观察到部分试样表面局部区域出现较深腐蚀坑,且腐蚀坑随碳钢含碳量增加而增多、增大、增深。腐蚀坑底部可观察到有金属光泽的粉末。由于局部腐蚀,部分试样边角出现缺损。

B 组试样浸泡不同周期后,表面附着产物较少,观察试样可清晰地看到基体。XRD 分析表明,浸泡 7d 后表面成分为 Fe,随着腐蚀时间的延长,腐蚀产物缓慢增厚，腐蚀产物为 FeO(OH) 和 Fe_2O_3，为 $Fe(OH)_3$ 的脱水形式。

为了进一步确定 A 组试样内层黑色腐蚀产物的成分，可刮取黑色腐蚀产物进行烘干、研碎、洗涤、烘干处理后，采用燃烧法测定其中的 S、C 含量。结果表明，浸泡 91d 后，与碳钢基体材料相比，黑色腐蚀产物的 S 含量提高了一个数量级，C 含量也远高于铁基体。浸泡 365d 后，内层黑色腐蚀产物 S、C 含量又出现了进一步的提高，不同型号碳钢材料腐蚀产物的 S、C 含量也有着明显的差异，见表 1-2。由表 1-2 可知，浸泡 365d 后，与碳钢基体材料相比，黑色腐蚀产物中 S 含量提高了 2 个数量级，C 含量也提高了 1 个数量级；不同型号碳钢材料腐蚀产物中的 S、C 含量是随着基体材料的含碳量的增加而减小。

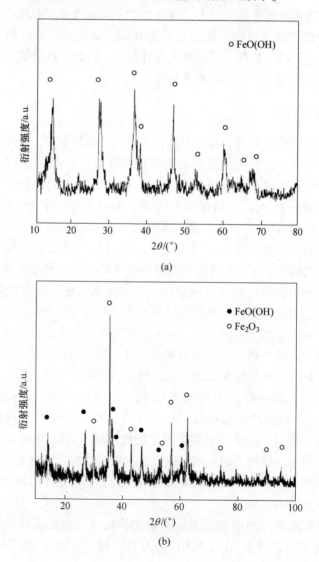

(a)

(b)

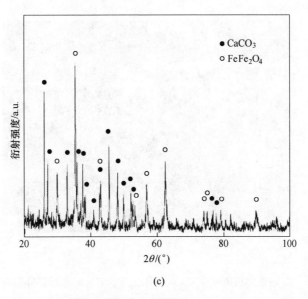

(c)

图 1-2   25 钢在自然海水中浸泡 7d（a）、184d（b）和
365d（c）后内层腐蚀产物的 XRD 谱

表 1-2   在自然海水中浸泡 365d 后碳钢内层腐蚀产物中的硫、碳质量分数

元　素	25 钢
$w(S)/\%$	3.66
$w(C)/\%$	9.52

如图 1-3 所示为碳钢样品腐蚀 7d 后的 SEM 形貌图。从图中可以看出，25 钢在无菌海水中腐蚀 7d 后，样品表面腐蚀产物附着较少；而在自然海水中腐蚀 7d后，腐蚀产物附着较多，但不均匀，腐蚀过程中产生的腐蚀产物粗大而疏松。

(a)

(b)

图 1-3   25 钢在无菌海水中（a）和自然海水中（b）浸泡 7d 的表面形貌

浸泡 91d 后，B 组中不同碳钢试样表面形貌相近，腐蚀产物层有所增厚，但仍然没有完全覆盖试样表面，可清晰见到部分基体，如图 1-4（a）所示。EDS 半定量元素分析表面，挂样 91d 后，B 组试样表面腐蚀产物主要由 Fe（86.2%）和 O（13.8%）元素构成。而浸泡 91d 后，A 组三种碳钢试样表面腐蚀产物多且厚，腐蚀产物层完全覆盖样品表面，如图 1-4（b）、（c）、（d）所示。剥去 A 组试样表层腐蚀产物，对内层腐蚀产物进行放大后观察可以看到大量的细菌存在（见图 1-4（e））。EDS 半定量元素分析表面，A 组试样内层腐蚀产物除 Fe（80.3%）和 O（17.2%）元素外，还有含量远高于基体的 C（1.5%）和 S（1.0%）元素，这与化学分析结果相符。

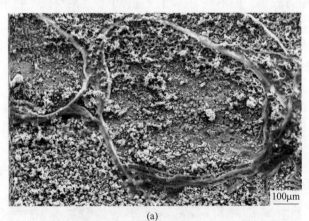

(a)

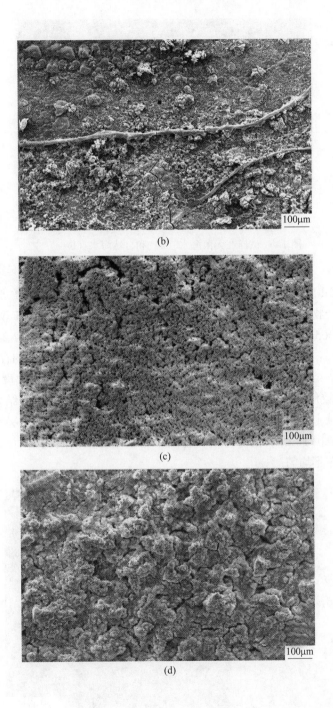

(b)

(c)

(d)

(e)

图 1-4 试样在无菌海水（a）和自然海水（b~e）中
浸泡 91d 后的腐蚀产物形貌

　　浸泡 365d 后，将 A 组试样横截面打磨至 800 号砂纸，用 SEM 进行观察，并对垂直腐蚀产物层方向进行线性扫描，结果如图 1-5 所示。图 1-5 表明，在自然海水中浸泡 365d 后，3 种碳钢试样腐蚀产物层都较厚，厚度约为 230μm。腐蚀产物分为 3 层：最内层靠近基体处腐蚀产物较为疏松，这为细菌的存在提供了空间，线性扫描结果表明，相对外层区域该区域 O 含量较低，S 含量较高，Cl 和 Ca 的含量也较低；锈层中间衬度较暗区域 Fe、Ca、O 含量丰富，结合 XRD 分析结果知该区域主要由 Fe 的氧化物和 $CaCO_3$ 构成；腐蚀产物最外层富含 Fe、O，因此该层主要由 Fe 的氧化物构成。腐蚀产物中线性扫描曲线波动剧烈，这说明各层元素分布不均匀。

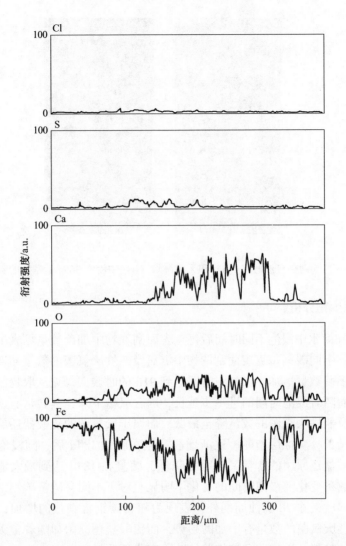

图 1-5　25 钢在自然海水中浸泡 365d 后横截面背散射图像和线性扫描结果

　　各周期试样清除腐蚀产物后，对试样进行宏观表面观察和局部腐蚀深度的测量。浸泡时间小于 184d 时，A 组和 B 组试样清除表面腐蚀产物后，均未发现明显的宏观腐蚀坑。浸泡时间为 365d 时，B 组试样表面平整，仍然在宏观上观察不到局部腐蚀，如图 1-6（a）、（b）所示。而 A 组试样清除腐蚀产物后，可以清晰地观察到其表面分布着大小、深度不一的宏观腐蚀坑，甚至边缘有掉角现象。测量发现 25 钢最大坑深达 0.80mm，腐蚀坑的平均腐蚀深度为 0.31mm，点蚀密度为 3.5×10^3 个/m^2。由此可见，微生物的存在不但可以增大材料的平均腐蚀深度，在腐蚀时间较长情况下还会造成材料严重的局部腐蚀。

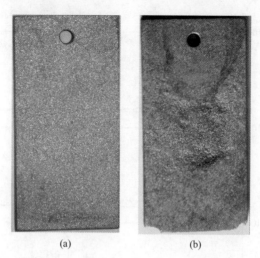

(a)　　　　　　　　　　(b)

图 1-6　25 钢在自然海水（a）和无菌海水（b）中浸泡 365d 后基体的宏观形貌

1.4.3　微生物分析

25 钢在海水中浸泡不同时间后每克表面刮取物中细菌数量见表 1-3。从表 1-3 可以看出，不同碳钢每克表面刮取物中需氧及兼性厌氧菌的数量初期随着浸泡时间的延长细菌数量增加。当浸泡时间达到 91d 的时候，每克刮取物的细菌数量达到最多，而随着浸泡时间的进一步延长，因含氧量下降，其含量有所下降。一年时，需氧及兼性厌氧菌的数量降至最低。而属于厌氧菌的硫酸盐还原菌的含量随腐蚀时间延长，腐蚀层增厚，逐渐增高。但在腐蚀 184d 后，随浸泡时间进一步延长，硫酸盐还原菌的含量又有明显降低，菌量在 184d 达到最大值。铁细菌和硫细菌的数量变化随浸泡时间的变化不明显。对于不同含碳量碳钢，在海水中浸泡不同时间后，除 7d 腐蚀周期外，表现为随着碳钢含碳量的增加，腐蚀产物中需氧及兼性厌氧菌的数量有增加的趋势，而硫酸盐还原菌却随着含碳量的增加而存在降低的趋势，铁细菌和硫细菌的数量变化不明显。

25 钢在海水中浸泡不同时间后，刮取物中需氧菌及兼性厌氧菌和铁细菌的菌属组成见表 1-3 和表 1-4，由表 1-3 和表 1-4 推算出的细菌数量见表 1-5。结果表明，需氧菌及兼性厌氧菌主要由两个菌属的细菌组成，即假单胞菌属、弧菌属，其中属于严格需氧菌的假单胞菌属细菌随着浸泡时间的延长所占的比例减少，而属于兼性厌氧菌的弧菌属的细菌总数所占比例随浸泡时间的延长而增加，达极值后继而下降。表现为初期钢铁腐蚀产物中菌群主要是由需氧菌组成，随着浸泡时间的延长，兼性厌氧菌开始占据主要地位。在浸泡时间达一年时还出现大量的黄杆菌。铁细菌主要是由瑙曼氏菌属和鞘铁菌属组成的，组成比例无明显的规律可循。腐蚀刚刚进行 7d 时，假单胞菌、弧菌、铁细菌、硫杆菌就已达到相当高浓度，因此微生物对碳钢的腐蚀作用在腐蚀初期即已发挥相当大的作用，在腐蚀时间为 365d 时，腐蚀产物中细菌种类增加，微生物腐蚀也最为严重。

表1-3　25 钢在海水中浸泡不同时间后每克腐蚀产物中细菌数量的对数值

（lgCFU/g）

细菌类别	腐蚀时间/d				
	7	28	91	184	365
需氧菌和兼性厌氧菌	6.62	7.19	7.45	7.01	6.49
硫酸盐还原菌	3.30	4.62	4.83	6.49	4.45
铁细菌	5.26	5.46	6.10	5.10	5.78
硫细菌	5.38	5.93	5.26	4.32	3.94

表1-4　25 钢在海水中浸泡不同时间后，腐蚀产物中需氧菌及兼性厌氧菌和铁细菌的菌属组成（属于某菌属的菌落数/鉴定的菌落数）

细菌类别	菌属	腐蚀时间/d				
		7	28	91	184	365
需氧菌和兼性厌氧菌	假单胞菌	26/30	18/30	2/30	1/30	2/30
	弧菌	4/30	12/30	20/30	17/30	6/30
	黄杆菌					22/30
	未确定菌			8/30	12/30	
铁细菌	瑙曼氏菌	7/10	8/10	3/10	3/10	5/10
	鞘铁菌	3/10	2/10	7/10	7/10	5/10

表1-5　浸泡不同时间的试样中的细菌含量（细菌个数）

腐蚀时间/d	7	28	91	184	365
假单胞菌	3.6×10^6	1.1×10^7	1.9×10^6	1.2×10^6	2.1×10^5
弧菌	5.6×10^5	4.2×10^6	1.9×10^7	6.0×10^6	6.2×10^5
泉发菌和纤发菌	1.8×10^5	2.9×10^5	1.2×10^6	1.2×10^5	6.0×10^5
硫酸盐还原菌	2.0×10^3	4.2×10^4	6.8×10^4	3.1×10^6	2.8×10^4
硫杆菌	2.4×10^5	8.5×10^5	1.8×10^5	2.1×10^4	8.7×10^3
黄杆菌	—	—	—	—	2.3×10^6

　　任何在海洋环境中浸泡的固体物质都可成为细菌和其他生物生长的附着物，固体物质表面细菌的数量与组成、浸泡时间和固体材料的组成存在一定的关系。由表1-4可见，25 钢在海水中浸泡初期腐蚀产物中的细菌以需氧菌为主，随着浸

泡时间的延长开始大量出现兼性厌氧菌，最后厌氧菌也大量出现并达到一个平衡，即在腐蚀产物内共生有需氧菌、兼性厌氧菌和厌氧菌。这种结果的出现与碳钢表面生态环境的变化有关，生物膜形成初期，由于生物膜较薄腐蚀产物较少，其内部含氧量相对较高。因此需氧菌占优势，随着生物膜增厚腐蚀产物增多，其内部开始乏氧，兼性厌氧菌开始占优势并大量繁殖。随着腐蚀产物的进一步增厚和碳钢表面腐蚀坑的出现，其内部高度乏氧，形成了适合厌氧菌生长繁殖的环境。因而开始出现大量的厌氧菌，并最终达到一个平衡，形成需氧菌、兼性厌氧菌和厌氧菌共生的环境。

腐蚀产物中，需氧及兼性厌氧菌的数量初期随着浸泡时间的延长细菌数量增加，而随着浸泡时间的进一步延长细菌数量开始出现下降的趋势。硫酸盐还原菌的数量变化也存在着这一规律，这与微生物在培养基中的生长规律相似。生长初期细菌的营养相对丰富且细菌之间的互相抑制较小，随着细菌的增多，生物膜内部营养逐渐减少，细菌代谢产物对同种细菌的抑制开始占优势，使得细菌含量初期持续增加而后期呈现下降的趋势。

在需氧及兼性厌氧菌中，只有弧菌属细菌产酸，假单胞菌属是严格需氧菌，在厌氧环境下不生长，黄杆菌属的细菌是不产酸但有色素的细菌，一般菌落具有颜色。硫酸盐还原菌均为厌氧性细菌，只有在氧含量极度低的条件下才能够生长。从本研究可见，碳钢腐蚀产物中细菌的组成随着浸泡时间的不同而发生组成和数量的变化，不同的细菌对氧的需求与消耗或代谢过程中酸的产生均有差异。这些差异对钢铁的腐蚀过程产生了影响，因此可以在一定程度上解释为什么金属浸泡在海水中后，腐蚀速率随浸泡时间的不同而不同，即腐蚀产物中的微生物有时对 25 钢的腐蚀有加速作用，而有时却是抑制作用。

内层腐蚀产物中硫酸盐还原菌含量大于外层腐蚀产物，线性扫描结果显示 S 含量分布不均匀，内锈层比外锈层高，这可能与内锈层硫酸盐还原菌的含量较高有关。

1.4.4　微生物腐蚀机理

实验结果表明，各实验周期中 A 组和 B 组试样的平均腐蚀速率相差较大，这是由于微生物的腐蚀作用取决于它的组成和数量。随着腐蚀时间的变化，微生物的种类和数量也在不断变化，因此各阶段微生物对材料的腐蚀机理也各不相同。在腐蚀初期，微生物在碳钢腐蚀产物中就有相当高的含量，这也导致在腐蚀 7d 时，A 组试样的平均腐蚀速率比 B 组快得多。腐蚀初期对腐蚀起主要作用的微生物为好氧菌和兼性厌氧菌，浸泡 7d 时，假单胞菌所占比例最高，假单胞菌为好氧、不产酸菌，且由于腐蚀时间较短，菌膜较薄，产酸菌产生的 H^+ 容易迁移出去，这使得酸腐蚀作用并不明显。经测定，锈层内部较自然海水 pH 值仅下降 0.5（刮取表面腐蚀产物，用精密 pH 值试纸测定，取渗湿部分读数）。腐蚀初期微生物的作用在于微生物的物理存在及其新陈代谢活动改变了电化学反应过程，细菌的附着、繁殖改变了碳钢表面物理状态，细菌附着区域含氧量较低，成为阳极，周围区域含氧量较高，成为阴极，形成了氧浓差电池，造成细菌附着区腐蚀较快。菌膜的形成和存在也阻碍了腐蚀产物的脱落，因此 A 组试样表面比 B 组有着更厚的腐蚀产物附着。随着腐蚀时间的延长，细菌的数量进一步增加，菌膜和腐蚀产物层增厚并完全的覆盖整个试样表面，这阻碍了氧的传输。同时大量的好氧菌的呼吸作用也消耗了锈层中的氧，这在一定程度上阻碍了碳钢的腐蚀。因此，从腐蚀 7d 到腐蚀 91d，A 组中试样的平均腐蚀速率逐渐减小，甚至在腐蚀 28d 时，A 组中试样的平均腐蚀速率反而低于 B 组试样。随着腐蚀时间的进一步延长，产酸的兼性厌氧菌（弧菌）和厌氧菌（硫酸盐还原菌）数量逐渐增加，产生大量的有机酸或无机酸，导致锈层内部 pH 值显著降低，测定自然海水中浸泡 184d 锈层内部 pH 值为 5.5，比自然海水下降了 2.6。这时影响材料腐蚀的主要是浓差电池和酸腐蚀的共同作用，因此浸泡时间大于 91d 时，自然海水中碳钢的平均腐蚀速率又远大于无菌海水中。当腐蚀时间继续延长时，腐蚀产物层较厚，细菌呼吸代谢产生的 CO_2 无法快速扩散到外界出去，锈层内部高含量的 CO_2 与海水中的 Ca^{2+} 反应，产生大量的 $CaCO_3$。因此，XRD 物相分析和锈层横截面线性扫描均检测出自然海水中浸泡 365d 后试样内层腐蚀产物中含有大量的 $CaCO_3$。板结状 $CaCO_3$ 的形成进一步抑制了离子的扩散，因此内锈层中含有较高含量的 Cl 和 S，内层较高含量的 Cl 可能是腐蚀速率继续增大的部分原因。同时，板结状 $CaCO_3$ 的形成抑制了氧的扩散，因此浸泡 365d 时自然海水中试样腐蚀产物中 Fe 的氧化物形态由 $FeO(OH)$ 变成了 $FeFe_2O_4$。自然海水中浸泡 365d 时腐蚀产物中出现了大量的黄杆菌，这可能与腐蚀速率的变化密切相关，但目前国内外关于黄杆菌对金属的腐蚀作用的研究较少，应该引起国内外微生物腐蚀研究人员的关注。

对比自然海水中平均腐蚀速率结果和微生物鉴定结果发现，平均腐蚀速率的变化与硫酸盐还原菌含量的变化并不完全一致，如自然海水中浸泡 184d 时腐蚀产物中硫酸盐还原菌含量最高，但其腐蚀速率却远低于 365d。这说明微生物腐蚀并不是只受某一种细菌的影响，微生物之间的协同作用对碳钢的腐蚀起到重要作用，例如，碳钢内锈层中存在的异养菌、铁细菌、硫杆菌等都会不同程度地影响钢的腐蚀，而异养菌、铁细菌、硫氧化菌的存在对 SRB 腐蚀有促进作用。碳钢在海水中浸泡初期表面的细菌以需氧菌为主，随着浸泡时间的延长开始大量出现兼性厌氧菌，最后厌氧菌也大量出现并达到一个平衡，形成需氧菌、兼性厌氧菌和厌氧菌共生的环境。碳钢表面细菌的组成随着浸泡时间的不同而发生组成和数量的变化，不同的细菌对氧的需求与消耗或代谢过程中酸的产生均有差异，这些差异对钢铁的腐蚀过程产生了影响。因此，可以在一定程度上解释为什么金属浸泡在海水中后，腐蚀速率随浸泡时间的不同而不同，即表面的微生物有时对碳钢腐蚀有加速作用，而有时却是抑制作用。

综上，热带海洋气候下海水中微生物对 25 钢腐蚀行为的影响为：

（1）海水中微生物的存在显著影响碳钢的平均腐蚀速率，总体规律是在浸泡初期加速碳钢材料的腐蚀，浸泡 28d 左右又减缓材料的腐蚀，对碳钢起到一定的保护作用。随着浸泡时间的进一步延长，腐蚀速率又逐渐加快。各种碳钢在自然海水中腐蚀速率的变化规律也不尽相同，25 钢平均腐蚀速率随浸泡时间的延长最初保持不变，续而出现大幅度的下降。随浸泡时间的进一步延长，材料平均腐蚀速率略有波动，当浸泡时间达到 365d 时，平均腐蚀速率又出现大幅增加；45 钢在腐蚀初期平均腐蚀速率随浸泡时间延长略有增大，接着平均腐蚀速率开始减小，在第 91d 时平均腐蚀速率达到最低，续而平均腐蚀速率又快速增大；85 钢平均腐蚀速率呈现先减小后增大的规律，平均腐蚀速率在第 91d 时最小，365d 时最大。

（2）在自然海水中暴露 7d 后形成的腐蚀产物层完全覆盖碳钢表面，腐蚀产物层随浸泡时间的延长而增厚。浸泡 91d 和 184d 后，腐蚀产物分为两层，内层呈黑色淤泥状，外层呈黄褐色，较为松散。XRD 分析表明，内、外层腐蚀产物均为 $FeO(OH)$ 和 Fe_2O_3，浸泡 365d 后，腐蚀产物厚度约达 $230\mu m$，但仍分为内、外两层，外层腐蚀产物成分不变，内层腐蚀产物为 $CaCO_3$ 和 $FeFe_2O_4$。

（3）在自然海水中暴露 91d 的碳钢内锈层中有高含量的 S 和 C，并随暴露时间延长而增加。浸泡 365d 后，与碳钢基体材料相比，内层黑色腐蚀产物中 S 含量提高了 2 个数量级，C 含量也提高了 1 个数量级。不同型号碳钢材料腐蚀产物中的 S、C 含量是随着基体材料的含碳量的增加而减小。

（4）浸泡时间小于 184d 时，自然海水和无菌海水中试样表面均未发现明显的宏观腐蚀坑。浸泡时间为 365d 时，无菌海水中试样表面仍然平整，宏观上观察不到局部腐蚀，而自然海水中试样可以清晰地观察到其表面分布着大小、深度不一的宏观腐蚀坑。

（5）碳钢在自然海水中浸泡后，腐蚀产物中微生物主要由假单胞菌、弧菌、铁细菌、硫杆菌和硫酸盐还原菌组成，在浸泡 365d 后还出现大量的黄杆菌。腐蚀初期碳钢表面主要是由需氧菌组成，随着浸泡时间的延长，兼性厌氧菌开始占据主要地位。硫酸盐还原菌数量随浸泡时间延长先增大、再减小，在 184d 时数量达到最大。

2 热带海洋气候下海水中微生物腐蚀对 25 钢力学性能的影响

2.1 试验材料和试样

实验材料为经均匀化退火后的 25 钢（齐齐哈尔市宏顺重工集团有限公司出产）。其化学成分见第 1 章表 1-1。拉伸试样按 GB/T 228—2002 要求线切割加工，冲击试样按 GB/T 229—1994 要求线切割加工。试样表面用 200 号至 1200 号砂纸逐级磨光，经丙酮除油处理后放置干燥器内备用。

2.2 海洋环境模拟

取海口市假日海滩海滨浴场海水，部分海水经 121℃高温蒸汽灭菌 20min 后，分别进行以下两组实验：A 组（自然海水组）取自然海水至玻璃实验箱内，将失重试样和表面分析试样用绝缘丝悬挂其中；B 组（无菌海水组）取冷却至室温的灭菌海水至特制无菌玻璃实验箱内，以相同方法将样品悬挂其中，作无微生物影响的对照组，以确定微生物对腐蚀的单因素影响。

挂片采用 7d、14d、28d、91d、184d 和 365d，每个试验周期每种试样做 5 个平行试样。实验箱内海水温度保持恒定为 26℃，每 7d 更换一次海水，每次换水前后均对自然海水和灭菌海水理化指标进行测定，测定结果显示无菌海水和自然海水理化性能基本相同，盐度大约为 33‰，溶解氧大约为 6mg/L，pH 值大约为 8.1。挂片的实验箱静置于无菌室内。

2.3 测试及分析方法

2.3.1 力学性能测定

将腐蚀后的试样从海水中取出。为探索腐蚀所产生的表面缺陷对材料拉伸性能的影响及是否存在氢脆，拉伸试样腐蚀后不经打磨，直接用万能试验机测试腐蚀后材料的力学性能，加载速度为 1mm/min。夏比冲击试样用砂纸打磨去表面附着腐蚀产物，使用 Zwick RKP 450 示波冲击试验机，按 GB/T 229—1994 进行冲击实验。

2.3.2　拉伸断口形貌分析

采用扫描电镜，对 25 钢试样拉伸断口微观形貌进行分析，以确定 25 钢材料经微生物腐蚀后的断裂方式和断裂机理。

2.4　微生物腐蚀对 25 钢力学性能的影响

2.4.1　拉伸性能

25 钢在自然海水和无菌海水中腐蚀不同时间后的抗拉强度测试结果如图 2-1 所示。腐蚀初期，A 组与 B 组试样的抗拉强度相差很小，随着浸泡时间的延长，B 组试样抗拉强度变化不大，A 组试样的抗拉强度持续下降。因此当浸泡时间为 184d 时，B 组试样的抗拉强度明显大于 A 组，并随浸泡时间进一步延长，B 组和 A 组之间试样抗拉强度的差值逐渐增大。整体上，碳钢腐蚀后的抗拉强度与未腐蚀的空白试样相比下降并不大，腐蚀 365d 后，A 组中 25 钢试样的抗拉强度与未腐蚀的空白试样相比下降了 14MPa，下降幅度仅为 3.7%。

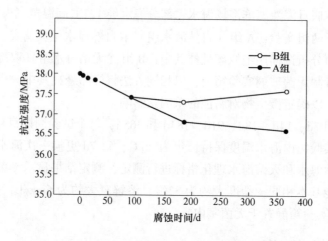

图 2-1　碳钢在自然海水和无菌海水中浸泡不同时间后的抗拉强度

A 组—自然海水；B 组—无菌海水

如图 2-2 所示为碳钢在自然海水和无菌海水中腐蚀后断面收缩率随浸泡时间的变化，A 组和 B 组试样的断面收缩率都呈下降趋势，随着腐蚀时间的延长，A 组试样的断面收缩率下降更快，当腐蚀 365d 时，A 组试样断面收缩率明显低于 B 组。总体上来讲，与未腐蚀的空白试样相比，在无菌海水中腐蚀后碳钢断面收缩率变化不大，在自然海水中腐蚀后碳钢断面收缩率稍有下降，说明海水和微生物腐蚀对退火后的碳钢塑性影响不大。

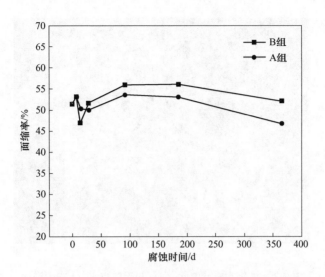

图 2-2　25 钢在自然海水和无菌海水中浸泡不同时间后的断面收缩率

A 组—自然海水；B 组—无菌海水

2.4.2 拉伸断口形貌分析

　　25 钢试样拉伸试验后对拉伸断口形貌进行 SEM 观察，如图 2-3 所示，在自然海水和无菌海水中的拉伸试样断口形貌相似，都布满了韧窝，拉伸断口中无沿晶断裂的特征，是典型的韧性断裂纤维区的特征。这说明碳钢在自然海水和无菌海水中腐蚀后韧性并没有降低，并没有发现氢脆现象。

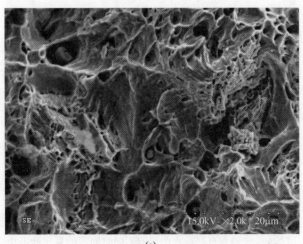

(a)

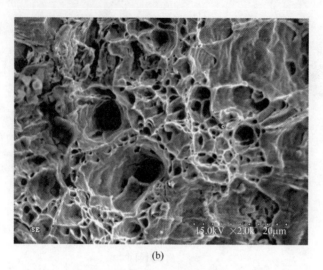

(b)

图 2-3 25 钢在自然海水（a）和无菌海水（b）中浸泡
91d 后的拉伸断口形貌

2.4.3 冲击性能

A 组试样腐蚀不同时间后的夏比冲击功（见图 2-4）（B 组试样的夏比冲击功与 A 组结果相似，这里不再重复给出）表明，与未腐蚀的空白试样相比，腐蚀不同时间后碳钢的夏比冲击功 A_{KV} 变化不大。因此，海水中 365d 内的微生物腐蚀并不会降低碳钢的冲击性能，这进一步证实了海水和微生物腐蚀并不能使退火后的碳钢产生氢脆。

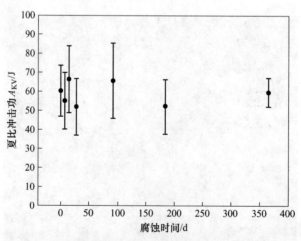

图 2-4 25 钢在自然海水中浸泡不同时间后的夏比冲击功

2.4.4　海水中微生物腐蚀对 25 钢力学性能的影响原理

上述实验结果表明，当腐蚀时间大于 91d 时，B 组试样的抗拉强度明显大于 A 组，并随浸泡时间延长，B 组试样和 A 组试样之间的抗拉强度差值逐渐增大。因为材料腐蚀后仍保持了较高的伸长率，材料抗拉强度下降一方面来自于平均腐蚀所产生的截面积减小，另一方面来自于局部腐蚀所造成的截面积减小和应力集中。为进一步揭示微生物腐蚀所产生的局部腐蚀对材料抗拉强度的影响，将样品尺寸减去相应的平均腐蚀深度计算横截面积，再重新计算材料的抗拉强度。在此定义为实际抗拉强度 δ，以揭示微生物引起的局部腐蚀对碳钢抗拉强度的影响。为分析碳钢抗拉强度下降的原因，我们在这里定义一个新参量——实际抗拉强度，以说明由均匀腐蚀引起的试样截面积减小造成的抗拉强度下降。其计算公式为：

$$\delta = \frac{F}{(l - d)(h - d)} \qquad (2\text{-}1)$$

式中　F——最大力，N；

　　　l——试样宽度，mm；

　　　h——试样厚度，mm；

　　　d——平均腐蚀深度，mm。

计算结果如图 2-5 所示。由图可以看出，各实验周期 A 组和 B 组试样的实际抗拉强度波动非常小，基本保持不变，且 A、B 组的实际抗拉强度值很接近。与未腐蚀的空白试样抗拉强度相比，A 组和 B 组的实际抗拉强度下降均不大，说明

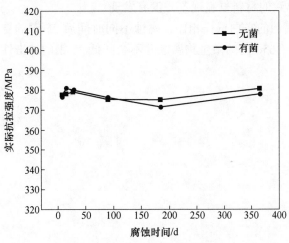

图 2-5　25 钢在自然海水（A 组）和无菌海水（B 组）
中浸泡不同时间后的抗拉强度

腐蚀后造成 A、B 两组试样抗拉强度下降的主要原因为均匀腐蚀引起的试样横截面减小。因碳钢塑性较好，腐蚀坑对材料的抗拉强度影响不大，说明退火后的碳钢在海水中使用的安全性较好，不易发生突发破坏。与中低碳钢相比，85 钢在腐蚀时间较长时 A 组实际抗拉强度明显低于 B 组，说明高碳钢抗拉强度受局部腐蚀影响相对较大。

从腐蚀后 A、B 两组试样断面收缩率和夏比冲击功的保持不变也说明，即使 A 组试样由于微生物的存在显著降低了材料锈层中的 pH 值，也不能使退火的碳钢产生氢脆。因此，文献中报道微生物引起材料的氢脆有可能与冷热加工过程中产生的应力有关。

综上，热带海洋气候下海水中微生物腐蚀对 25 钢力学性能的影响如下：

（1）无菌海水和自然海水腐蚀都会造成碳钢材料抗拉强度下降，但随着浸泡时间的延长，自然海水中试样抗拉强度下降更快，自然海水和无菌海水中试样之间抗拉强度的差值随浸泡时间延长而逐渐增大。这是由于碳钢材料在自然海水中不仅腐蚀速率更快，还会产生严重的局部腐蚀，使试样在拉伸过程中应力集中而容易断裂，导致材料抗拉强度下降。在自然海水中腐蚀 365d 后，与未腐蚀的试样相比，25 钢试样的抗拉强度下降幅度为 3.7%。

（2）在自然和无菌海水中腐蚀后，与未腐蚀的空白试样相比，25 钢材料的断面收缩率变化不大，说明海水和微生物腐蚀对退火后碳钢的塑性影响较小。

（3）对 25 钢试样拉伸断口形貌进行 SEM 观察发现，在自然海水和无菌海水中的拉伸试样断口上都布满了韧窝，拉伸断口中无沿晶断裂的特征，是典型的韧性断裂纤维区的特征。这说明碳钢在自然海水和无菌海水中腐蚀后韧性没有降低，由微生物导致的材料氢脆现象并没有发现。

（4）与未腐蚀的空白试样相比，腐蚀不同时间后 25 钢的夏比冲击功变化不大，因此海水中 365d 内的微生物腐蚀并不会降低 25 钢的冲击性能。

3 热带海洋环境下海水中微生物对 45 钢腐蚀行为的单因素影响

本章选择了在生物腐蚀显著的海南地区，通过室内自然海水和无菌海水中挂样结果对比，研究了热带海洋气候条件下海水中微生物对 45 钢腐蚀行为的单因素影响。

3.1 实验方法

实验材料为 45 号优质碳素钢，均为出厂检验合格圆钢（齐齐哈尔市宏顺重工集团有限公司出产），实验材料成分为 C 0.499，Mn 0.596，Si 0.230，S 0.028，P 0.012，Ni 0.006，Cr 0.020，Mo 0.001，Nb 0.001，Cu 0.014，W 0.003，Al 0.003，V 0.004，Ti 0.001，Fe 余量

实验分为以下两组：

A 组：有菌组。取自然海水至玻璃实验箱内，将显微观察样品和称重后的失重样品用绝缘丝悬挂其中。

B 组：无菌组。取灭菌海水至特制无菌玻璃实验箱内，以相同方法将样品悬挂其中，作无微生物影响的对照组，以确定微生物对腐蚀的单因素影响。

其他实验方法与第 2 章相同。

3.2 微生物对 45 钢腐蚀行为的单因素影响

3.2.1 平均腐蚀速率

自然海水的盐度大约为 33‰，溶解氧大约为 6mg/L，pH 值大约为 8.1，因降雨等因素，每周海水理化指标略有差别，但波动不大。测试结果显示，灭菌后海水的盐度、溶解氧和 pH 值和自然海水差别不大，可以认为对实验结果没有影响。

45 钢在海水中的平均腐蚀速率如图 3-1 所示。从图中可以看出，45 钢在自然海水中和无菌海水中的腐蚀规律相近，在腐蚀实验初期，材料的平均腐蚀速率均随浸泡时间延长略有增大，但随浸泡时间进一步延长而下降，当时间超过 91d 后，延长浸泡时间对材料平均腐蚀速率影响不大。

除 28d 实验周期，其他腐蚀周期下，45 钢在自然海水中的平均腐蚀速率均

大于无菌海水中的平均腐蚀速率。浸泡时间为 7d 时碳钢在自然海水中的平均腐
蚀速率为无菌海水中平均腐蚀速率的 1.4 倍，腐蚀 14d 时自然海水中的平均腐蚀
速率仍大于无菌海水中的平均腐蚀速率，但差值明显缩小。浸泡时间达到 28d
时，碳钢在自然海水中的平均腐蚀速率小于无菌海水中的平均腐蚀速率，浸泡时
间超过 91d 时，碳钢在自然海水中的平均腐蚀速率远大于在无菌海水中的平均腐
蚀速率。进一步延长时间，无菌海水中平均腐蚀速率变化不大，但自然海水中的
平均腐蚀速率略有上升。浸泡时间为 184d 时，碳钢在自然海水中的平均腐蚀速
率为 0.0278mm/a，为无菌海水中平均腐蚀速率的 1.48 倍。自然海水和灭菌海水
除微生物外，其他腐蚀条件相同，因此上述结果可充分说明微生物对碳钢在海水
中腐蚀所起到的显著作用。

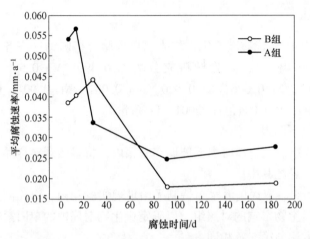

图 3-1   45 钢在无菌海水和自然海水中的平均腐蚀速率随时间的变化

A 组—自然海水；B 组—无菌海水

3.2.2 腐蚀产物及表面形貌分析

45 钢在无菌海水和自然海水中腐蚀后，将材料表面及腐蚀箱底部的腐蚀产
物干燥后，通过 X 射线衍射物相分析，发现腐蚀产物成分没有差别。化学成分为
$FeO(OH)$ 和 Fe_2O_3。图 3-2 给出了 45 钢在自然海水中浸泡 184d 后的 X 射线衍
射图，由于 45 钢在无菌海水浸泡后及腐蚀箱底部的腐蚀产物的成分与自然海水
中相同，在此不再给出。

45 钢在自然海水和无菌海水中腐蚀后，材料表面腐蚀产物附着情况有较大
差别。样品在无菌海水中浸泡 184d 后，材料表面附着产物较少，可以清晰观察
到基体。材料在自然海水中浸泡 184d 后，材料锈层可清晰分为两层，内层呈黑
色淤泥状，外层呈黄褐色，较为松散。材料干燥后，进行 X 射线衍射物相分析，

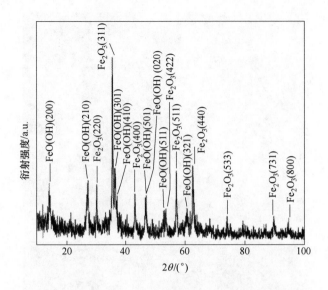

图 3-2　45 钢在自然海水中浸泡 184d 后的 X 射线衍射图

发现碳钢在自然海水和灭菌海水中腐蚀产物没有差别。化学成分为 FeO(OH) 和 Fe_2O_3，为 $Fe(OH)_3$ 脱水形成，与腐蚀实验箱底部沉积的腐蚀产物成分相同。而碳钢在自然海水中腐蚀后的黑色内层腐蚀产物和黄褐色外层腐蚀产物干燥后的 X 射线衍射结果也未发现差别。

　　为进一步确定碳钢在自然海水中内层黑色腐蚀产物的成分，将其刮取、烘干、研碎、洗涤、再烘干后，采取燃烧法测定其中的硫含量。结果表明与碳钢基体材料相比，黑色锈层的 S 含量（质量分数）提高了一个数量级，达 0.96%，C 含量（质量分数）也远高于基体，达 1.04%。

　　如图 3-3 所示为 45 钢腐蚀后的表面形貌。其中，由于不同实验周期下，无菌海水中碳钢腐蚀表面形貌相近，因此只给出了腐蚀 7d 的表面形貌。从图 3-3 中可以看出，45 钢在灭菌海水中腐蚀后，样品表面腐蚀产物附着较少，能谱半定量元素分析（见表 3-1）表明，挂样 91d 后，无菌海水中腐蚀后材料表面腐蚀产物主要由 Fe 和 O 元素构成。而自然海水中腐蚀 7d 后，腐蚀产物附着较多，但不均匀，当腐蚀时间较长时，腐蚀产物增多增厚。将自然海水中浸泡 91d 的样品表层腐蚀产物剥离后，从内层腐蚀产物放大后的形貌图中可以看到大量细菌的存在，如图 3-3（c）所示。而自然海水中腐蚀后的样品内层腐蚀产物除 Fe 元素和 O 元素外，还有含量远高于基体的 C 和 S 元素（见表 3-1），与化学分析结果相符，而无菌海水中浸泡的碳钢腐蚀表面能谱分析过程中未探测到 S 元素。

(a)

(b)

(c)

图 3-3 45 钢在海水中浸泡后内锈层腐蚀产物形貌图

(a) 无菌海水中浸泡 7d 表面形貌；(b) 自然海水中浸泡 7d 表面形貌；

(c) 自然海水中浸泡 91d 内锈层腐蚀产物形貌

表 3-1　45 钢在无菌海水中和自然海水中浸泡 91d 后材料表面的能谱半定量元素分析结果

海　水	元　素	质量分数 w/%
灭菌海水中（B 组）	O	13.8
	Fe	86.2
自然海水中（A 组）	O	17.2
	Fe	80.3
	S	1.0
	C	1.5

燃烧法所测定 45 钢在自然海水中浸泡 184d 后，内锈层中 S 含量为 0.96%，与 EDS 结果相符，但 X 射线分析腐蚀产物中并无硫化物存在，其原因可能有两个方面：（1）硫可能存在于菌膜中，黑色锈层中除发现高的硫含量外，同时还发现 C 含量也远高于基体，达 1.04%，证明锈层中存在高含量的菌膜有机物，其中可能含有高含量的硫。（2）X 射线实验过程中虽然我们已采用较长的收集时间，但海水溶液中得到的腐蚀产物的 X 射线衍射图中仍然背底较高（见图 3-2），因此即使存在少量的硫化物，其衍射峰也很难探测得到。

3.2.3　微生物分析

45 钢在自然海水中腐蚀不同时间后锈层的细菌种类、含量见表 3-2。锈层中细菌主要由假单胞菌、弧菌、铁细菌、硫杆菌、硫酸盐还原菌构成。此外，锈层中还含有少量动性球菌、螺旋体菌属细菌，因含量较少未在表中列出。从表 3-1 中可以看出，好氧菌，如假单胞菌、硫杆菌，菌量随腐蚀时间延长变化不大。腐蚀初期，兼性厌氧菌，如弧菌、铁细菌，细菌含量随腐蚀时间延长逐渐增大，在腐蚀时间为 91d 时达到最大值，进一步延长腐蚀时间，因含氧量下降，其含量有所下降。而属于厌氧菌的硫酸盐还原菌的含量随腐蚀时间延长，腐蚀层增厚，逐渐增高。腐蚀刚刚进行 7d 时，假单胞菌、弧菌、铁细菌、硫杆菌就已达到相当高浓度，因此微生物对碳钢的腐蚀作用在腐蚀初期即已发挥相当大的作用。

表 3-2　在海水中浸泡不同时间的 45 钢锈层中细菌种类、含量

腐蚀时间/d	假单胞菌 /个数·g^{-1}	弧菌 /个数·g^{-1}	泉发菌和纤发菌 /个数·g^{-1}	硫酸盐还原菌 /个数·g^{-1}	硫杆菌 /个数·g^{-1}
7	$2.0×10^6$	$7.5×10^5$	$1.0×10^5$	$1.9×10^3$	$5.2×10^5$
28	$8.8×10^6$	$1.3×10^7$	$3.6×10^5$	$4.0×10^4$	$5.1×10^5$
91	$3.7×10^6$	$2.1×10^7$	$6.2×10^5$	$6.5×10^4$	$6.0×10^5$
184	$2.3×10^5$	$2.9×10^6$	$5.3×10^4$	$8.2×10^5$	$5.2×10^5$

3.3 腐蚀机理

上述实验结果表明热带海洋气候下，在其他条件相同情况下，自然海水中 45 钢的平均腐蚀速率与无菌海水中碳钢平均腐蚀速率相比相差较大，证明微生物单因素对材料的平均腐蚀速率有显著影响。随腐蚀时间变化各种微生物的数量不断变化，在腐蚀初期微生物在碳钢腐蚀产物中就有相当高的含量，导致在腐蚀时间为 7d 时，45 钢在自然海水中的平均腐蚀速率为无菌海水中平均腐蚀速率的 1.4 倍。

微生物的腐蚀作用决定于微生物的组成及数量。因此各阶段微生物腐蚀的机理也各不相同。由各种细菌组成及含量结果可知，在腐蚀初期对腐蚀起主要作用的微生物应为好氧菌和兼性厌氧菌，浸泡 7d 时，假单胞菌所占比例最高。由于假单胞菌为不产酸菌，且浸泡 7d 时的细菌总量较少，菌膜较薄，产酸菌产生的 H^+ 易于迁移，因此锈层内部的 pH 值下降不大。经测定，锈层内部较自然海水的 pH 值仅下降 0.5（锈层内部 pH 值测定为将腐蚀产物从碳钢表面剥离后，采用精密 pH 值试纸蘸取锈层内部腐蚀产物后，取渗湿部分比对读数得到其 pH 值）。因此，腐蚀初期，由于 pH 值的下降对 45 钢平均腐蚀速率的贡献不大。腐蚀初期微生物的作用在于，微生物的物理存在及其新陈代谢活动改变了电化学反应过程。细菌的附着、繁殖改变了碳钢表面的物理状态，细菌附着区域氧含量较低，而周围区域氧含量较高，形成了氧浓差电池；细菌附着区成为阳极，周围区域成为阴极，造成细菌附着区腐蚀速度较快。菌膜的形成及细菌的存在也阻碍了腐蚀产物的脱落，因此与无菌海水中腐蚀后的试样相比，自然海水中腐蚀后的试样表面有较厚的腐蚀产物附着。

但随着腐蚀时间的延长，菌膜的增厚，腐蚀产物及细菌数量的增多，阻碍了氧的传输，大量好氧菌的存在也消耗了锈层中的氧，在一定程度上阻碍了钢的腐蚀。因此，在腐蚀时间为 28d 时，自然海水中的平均腐蚀速率反而低于无菌海水中的平均腐蚀速率。

随着浸泡时间的进一步延长，产酸的兼性厌氧菌和厌氧菌，如弧菌、硫酸盐还原菌的量逐渐增多。导致锈层内部的 pH 值显著下降。经测定自然海水中腐蚀 184d 锈层内部的 pH 值为 5.5，比自然海水 pH 值下降 2.6。因此，浸泡时间大于 91d 时，自然海水中碳钢的平均腐蚀速率远大于无菌海水中碳钢的平均腐蚀速率。

腐蚀时间超过 91d 后，腐蚀产物中兼性厌氧菌的含量有所下降，硫酸盐还原菌的含量进一步增高，因此自然海水中碳钢的平均腐蚀速率有上升趋势。Von Wolzogen Kuhr 和 Van der Vlugt 揭示硫酸盐还原菌作用下所发生的反应为：

阳极反应：$$4Fe \longrightarrow 4Fe^{2+} + 8e^- \tag{3-1}$$

水离解反应：$\qquad 8H_2O \longrightarrow 8H^+ + 8OH^-$ (3-2)

阴极反应：$\qquad 8H^+ + 8e^- \longrightarrow 8H$ (3-3)

SRB 阴极去极化反应：$\qquad SO_4^{2-} + 8H \longrightarrow S^{2-} + 4H_2O$ (3-4)

腐蚀产物的产生：$\qquad Fe^{2+} + S^{2-} \longrightarrow FeS$ (3-5)

总反应方程式为：$4Fe + SO_4^{2-} + 4H_2O \longrightarrow 3Fe(OH)_2 + FeS + 2OH^-$ (3-6)

因此，硫酸盐还原菌含量的增高会对平均腐蚀速率起到一定的促进作用，在此条件下氧向基体表面的扩散不再是影响材料平均腐蚀速率的关键因素，材料的平均腐蚀速率很大程度上取决于硫酸盐还原菌的含量，因此与91d实验周期相比，浸泡181d 45 钢的腐蚀速率略有增大趋势。

综上，热带海洋环境下海水中微生物对45钢腐蚀行为的单因素影响实验结果表明，海水中微生物的存在显著影响碳钢的平均腐蚀速率。在浸泡初期和浸泡时间较长时，微生物的存在均会严重加速碳钢的腐蚀。但在浸泡时间为28d时，微生物的存在会对碳钢起到一定的保护作用。微生物对45钢平均腐蚀速率的影响与微生物的种类、含量密切相关。腐蚀产物中的微生物主要由假单胞菌、弧菌、铁细菌、硫氧化菌、硫酸盐还原菌组成。随腐蚀时间延长锈层增厚，厌氧菌的含量逐渐增多。

4 海水中弧菌对 45 钢腐蚀行为及力学性能的影响

上述论述表明，热带海洋气候条件下，微生物对碳钢的腐蚀有显著影响，其影响体现在提高宏观腐蚀速率和产生局部腐蚀两方面。例如，浸泡时间为 365d 时，25 钢在自然海水中的腐蚀速率为无菌海水中腐蚀速率的 2.6 倍；并且经过 365d 自然海水浸泡后，25 钢表面分布着大小不一的宏观腐蚀坑，最大坑深达 0.80mm，腐蚀坑的平均腐蚀深度为 0.31mm，点蚀密度为 3.1×10^3 个/m^2，而无菌海水浸泡的碳钢表面平整，在宏观上观察不到局部腐蚀。通过对自然海水浸泡后碳钢腐蚀产物进行细菌鉴定，发现在腐蚀的不同时期，锈层中不同位置，细菌中弧菌都占据较大比例。弧菌是产酸菌，产酸菌能够降低局部的 pH 值而可能加速金属的腐蚀。而弧菌为兼性厌氧菌，其菌膜对氧扩散的阻碍和弧菌呼吸作用对氧的消耗也有可能减缓金属的腐蚀。关于弧菌对金属材料的腐蚀研究国内外已有报道，但对腐蚀的作用存在争议，有的认为加速腐蚀，有的认为阻碍腐蚀。但研究多基于较短时间的电化学实验，缺乏较长时间挂样验证，有待进一步实验证明，且很少有相关文献报道弧菌对金属材料力学性能的影响，这给海洋设施的安全使用留下了很大的隐患。45 钢是海洋环境及日常生活中应用最广泛、用量最大的金属材料，故研究热带海洋气候条件下海水环境中弧菌对 45 钢腐蚀行为和力学性能的影响具有十分重要的意义。针对于此，本章通过在热带海洋气候条件下对比 45 钢在自然海水、无菌海水和弧菌海水中的腐蚀行为，论述了弧菌对 45 钢腐蚀行为及力学性能的影响。

4.1 试验材料和试样

实验材料为 45 钢圆钢（齐齐哈尔市宏顺重工集团有限公司出产），化学成分见 3.1 节。失重试样、表面分析试样规格尺寸分别为 50mm×25mm×3mm 和 15mm×10mm×3mm，拉伸试样按 GB/T 228—2002 执行。试样表面均用 200 号至 1200 号砂纸逐级打磨后，分别经丙酮除油、蒸馏水冲洗、酒精脱水处理，最后干燥恒重，失重试样称取原始质量（准确到 1mg），测量尺寸（准确到 0.02mm）。

4.2 微生物来源和培养

菌种采集自浸泡在自然海水中的 45 钢锈层，将 45 钢试片浸泡在天然海水中

6 个月后取出，用灭菌刀刮取锈层，在室温下用 2216E 培养基进行富集培养，富集液按 10^{-1}、10^{-2}、10^{-3}、10^{-4}、10^{-5} 进行梯度稀释后在平板上画线分离，鉴定主要是根据被纯化细菌的来源、培养特性、菌落特征、革兰氏染色、氧化酶、葡萄糖发酵等指标进行，鉴定并纯化后的弧菌置于冰箱中冷藏保存，作为本实验的菌种。

4.3 试验介质

取海口市假日海滩海滨浴场海水，部分海水经 121℃ 高温蒸汽灭菌 20min 后，分别进行以下三组实验：A 组（自然海水组）取自然海水至玻璃实验箱内，将试样用绝缘丝悬挂其中；B 组（无菌海水组）取灭菌海水至特制无菌玻璃实验箱内，以相同方法将试样悬挂其中，作无微生物影响的对照组，以确定微生物对腐蚀的单因素影响；C 组（弧菌海水组）将菌种在 30℃ 条件下在斜面培养基上进行一次活化培养，然后在液体培养基中培养 12h 后按 1%（体积分数）接种到无菌海水中，用平板计数法计算微生物在无菌海水中的数量。试验箱内实验介质每个星期更换一次，每次换水前后均对试验介质进行理化指标测定，海水温度保持为 26℃，实验共进行 60d。

4.4 测试及分析方法

定期刮取 C 组中备用试样表面腐蚀产物于无菌采样管中，用平板计数法对腐蚀产物中弧菌数量进行计数，研究弧菌在试样表面附着及生长状况。

将腐蚀后的失重试样从海水中取出后，依照 GB 5776—1986 方法清除腐蚀产物，计算平均腐蚀速率。将腐蚀后的显微观察试样从海水中取出后，每种样品取一片，用清水冲洗，并用硬毛刷除去表面疏松的腐蚀产物，然后浸入 Clerke 钝化液中清洗腐蚀产物，取出用蒸馏水冲洗干净，利用无水乙醇超声波脱水，干燥后观察暴露出的钢样表面形貌。为探索腐蚀所产生的表面缺陷对材料拉伸性能的影响及是否存在氢脆，拉伸试样腐蚀后不经打磨，直接用万能试验机测试腐蚀后材料的力学性能，加载速度为 1mm/min。作为对比，同时对未经腐蚀的空白试样进行力学性能测试。

4.5 海水中弧菌对 45 钢腐蚀行为及力学性能的影响

4.5.1 弧菌海水中弧菌生长

如图 4-1 所示为弧菌在无菌海水中的生长曲线。由图可知，弧菌能在无菌海水中大量生长，在第 3d 左右进入对数生长期，第 5d 左右弧菌海水中微生物的数量达到最大值，然后随着时间延长微生物数量减少。

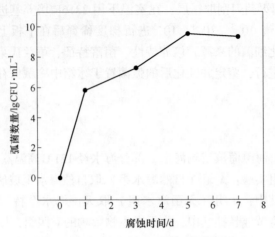

图 4-1 弧菌海水中弧菌的含量随时间的变化

4.5.2 腐蚀产物中弧菌生长

如图 4-2 所示，弧菌在 45 钢表面很快附着成膜，成膜后由于营养物质充分，弧菌很快进入对数生长阶段，迅速繁殖，在 30d 左右达到最大值，随后随着腐蚀产物中营养物质的消耗，60d 时弧菌数量又开始减少。

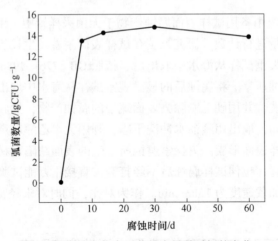

图 4-2 腐蚀产物中弧菌的含量随时间的变化

4.5.3 平均腐蚀速率

挂样前对 A 组、B 组和 C 组海水进行理化性能测试，测试结果显示无菌海水及刚加入弧菌时的弧菌海水的理化性质和自然海水差别不大，盐度大约为 33‰，溶解氧大约为 6mg/L，pH 值大约为 8.1，因此可以认为是微生物单因素实验。

45 钢在 A 组、B 组、C 组中挂片 60d 后，采用失重法测得平均腐蚀速率如图 4-3 所示。可以看出，由于微生物的附着、新陈代谢活动的影响，45 钢在自然海水和弧菌海水中的平均腐蚀速度均高于无菌海水中。其中，A 组试样的平均腐蚀速率为 B 组的 1.8 倍，C 组试样的平均腐蚀速率为 B 组的 1.2 倍。45 钢在自然海水中的平均腐蚀速率高于弧菌海水中。

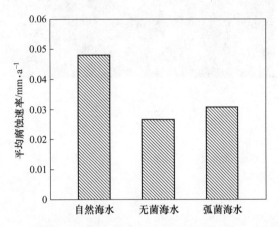

图 4-3　45 钢在不同海水腐蚀介质中浸泡两个月的平均腐蚀速率

4.5.4　表面分析

如图 4-4（a）所示为 45 钢试样在 C 组中挂片两个月后表面腐蚀产物形貌，从图中可以看出，试样表面被腐蚀产物完全覆盖，形成了较厚的腐蚀产物层，腐蚀产物层较酥松。将试样表层腐蚀产物剥离后，从内层腐蚀产物放大后的形貌图中可以看到大量的弧菌存在（见图 4-4（b））。EDS 元素分析表明（见图 4-4（c）），C 组的腐蚀产物主要成分为 Fe、O，还有含量远高于基体的 C。XRD 分析表明，腐蚀产物干燥后为 $FeO(OH)$，如图 4-5 所示。

(a)

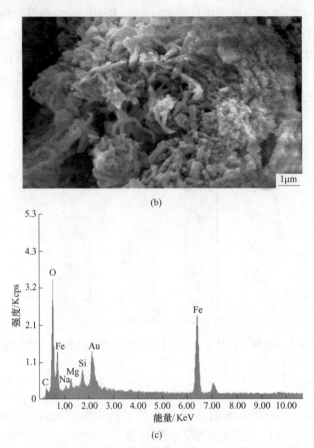

图 4-4　45 钢在 C 组中腐蚀两个月腐蚀产物形貌（a，b）及对应（a）的 EDS 能谱图（c）

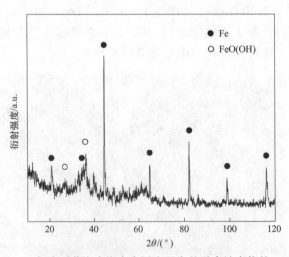

图 4-5　45 钢在弧菌海水海水中浸泡两个月后腐蚀产物的 XRD 谱

挂样两个月后去除 45 钢试样表面腐蚀产物后基体形貌如图 4-6 所示。其中，由于浸泡两个月后 A 组和 B 组试样表面形貌相近，因此只给出 A 组表面形貌（见图 4-6（a））。从图中可以看出，A 组中金属表面比较平整，局部腐蚀不明显，仅能看到少数细小的蚀坑；C 组中试样表面腐蚀较深，片层状的珠光体露出，可以清楚地看到大量的大而深的点蚀坑，这说明单一弧菌在试样表面的聚集改变了 45 钢的腐蚀形貌，加剧了 45 钢的局部腐蚀。

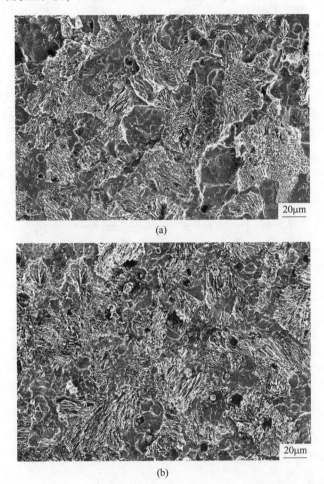

图 4-6 45 钢在不同腐蚀液中腐蚀两个月基体形貌

（a）A 组；（b）C 组

4.5.5 力学性能

如图 4-7 所示为 45 钢在 A 组、B 组、C 组中腐蚀两个月后的力学性能测试结果。从图中可以看出，不同海水介质腐蚀后，试样抗拉强度的数值规律均为：C

组<A 组<B 组<空白试样。可见，在理化性质相同的条件下，微生物腐蚀能明显降低材料的抗拉强度，尤其是弧菌对抗拉强度的影响更加明显。A 组、B 组、C 组中试样经两个月腐蚀之后的伸长率均比空白试样小（见图 4-8），这说明材料在腐蚀后塑性略有降低，但均仍保持了较高的伸长率，未发现氢脆产生。

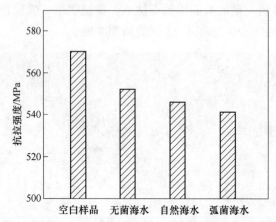

图 4-7　45 钢在不同腐蚀液中腐蚀两个月后的抗拉强度

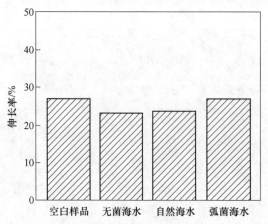

图 4-8　45 钢在不同腐蚀液中腐蚀两个月后的伸长率

4.5.6　机理分析

实验结果表明，弧菌对材料的平均腐蚀速率有显著影响。一方面弧菌代谢过程改变腐蚀机制；另一方面弧菌是产酸菌，其代谢产物具有腐蚀性，恶化金属腐蚀的环境，加快材料的腐蚀。弧菌能显著降低附着区域的 pH 值，引起材料表面严重的局部腐蚀，经测定弧菌海水中浸泡后 45 钢腐蚀产物的 pH 值为 5.0（腐蚀产物 pH 值测定为将腐蚀产物从碳钢表面剥离后，采用精密 pH 值试纸蘸取锈层内部腐蚀产物后，取渗湿部分比对读数得到其 pH 值），明显低于自然海水的 pH 值。弧菌生物膜/金属界面内 pH 值的降低可能会使腐蚀的发生趋势转变，生物膜内酸性物质的产生不仅增加了环境的腐蚀性，生物膜的附着也将减缓 H^+ 的扩散速度，使其周围形成 H^+ 浓度差，促进局部浓差腐蚀。此外，由于弧菌生物膜的分布及结构的不均匀，使试样表面腐蚀产物出现局部堆积，腐蚀产物堆积区内易形成贫氧区（阳极），与周围富氧区（阴极）形成氧浓差电池，造成局部腐蚀。同时，生物膜内弧菌的新陈代谢作用也需要消耗氧气，导致阴、阳极区的产生。另外，沉积物下金属成为阳极，阳极区腐蚀产物水解后产生 H^+，由生物膜包覆着的腐蚀产物将形成扩散壁垒，造成闭塞阳极区内 pH 值不断降低，进一步加速了碳钢的局部腐蚀。局部腐蚀一旦形成后遵循自催化机制，形成深而不规则的腐蚀孔洞，如图 4-6 所示的腐蚀形貌。B 组试样由于没有微生物的存在，腐蚀产物由于没有受到生物膜的黏附作用而大量脱落，这使得引起局部腐蚀的条件不易形成，但随着时间的推移，无菌海水中的试样表面也会有较少量腐蚀产物不均匀附着，并逐渐出现点蚀现象。

A 组试样的平均腐蚀速率比 C 组试样更快，这说明微生物的协同作用比单种弧菌更能加快材料的平均腐蚀速率，例如：好氧的假单胞菌、硫氧化菌在材料表面成膜后，其自身代谢活动不仅给材料带来腐蚀作用，还为兼性厌氧的弧菌、铁细菌及厌氧的 SRB 提供生长条件；铁细菌和 SRB 的共同作用也可加速材料的腐蚀进程。

A 组、B 组、C 组试样抗拉强度均低于空白试样抗拉强度，说明经腐蚀后材料抗拉强度降低。但 A 组、C 组试样抗拉强度比 B 组更低，这说明微生物的存在使材料腐蚀加快，材料的抗拉强度也下降得更快。而 C 组试样抗拉强度比 A 组、B 组均低，说明弧菌海水介质虽然所产生的平均腐蚀速率小于自然海水，但其对拉伸强度的影响更为显著。

因为材料腐蚀后仍保持了较高的伸长率，材料抗拉强度下降一方面来自于平均腐蚀所产生的截面积减小，另一方面来自于局部腐蚀所造成的截面积减小和应力集中。为进一步揭示微生物腐蚀所产生的局部腐蚀对材料抗拉强度的影响，仍然采用第 3 章所定义的实际抗拉强度 δ，以揭示微生物引起的局部腐蚀对碳钢抗拉强度的影响，实际抗拉强度测定结果如图 4-9 所示，为对比将材料的抗拉强度也在图中对比画出。

由于实际抗拉强度除去了因腐蚀造成材料实际截面积减小的影响，故其反映了局部腐蚀对材料抗拉强度的影响。由图 4-9 可知，C 组试样实际抗拉强度比 A 组、B 组均小，说明弧菌严重的局部腐蚀降低了材料的抗拉强度。弧菌不仅使得试样表面出现大面积腐蚀，某些区域还出现严重的点蚀或缝隙腐蚀，这样不仅使试样的承力面积减少，还造成试样在拉伸过程中应力集中，造成材料因局部应力

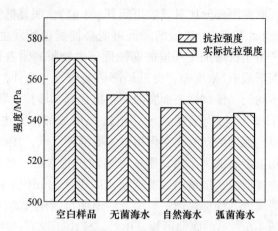

图 4-9　45 钢在不同腐蚀液中腐蚀两个月后的实际抗拉强度

过大而发生断裂, 局部腐蚀越严重, 材料抗拉强度越低。这也进一步解释了弧菌海水中试样比自然海水中试样平均腐蚀速率小, 但其抗拉强度却比自然海水中更低。

综上, 海水中弧菌对 45 钢腐蚀行为及力学性能的影响主要为:

(1) 单一弧菌在材料表面的聚集能明显加速 45 钢的腐蚀速率, 并引起试样表面发生严重的局部腐蚀, 这使得材料的抗拉强度下降更快。

(2) 海水中单一弧菌腐蚀对 45 钢塑性的影响并不明显, 不会引起碳钢材料产生氢脆。

(3) 45 钢在弧菌海水中浸泡两个月后, 干燥后的表面腐蚀产物成分相同, 为 FeO(OH), EDS 半定量元素分析表明, 腐蚀产物的主要成分为 Fe、O, 还有含量远高于基体的 C。

5 海水中假单胞菌对 45 钢腐蚀行为及力学性能的影响

由第 1 章所述研究工作表明，南海海域假单胞菌在碳钢腐蚀初期锈层菌群中一直占据着主导地位，其对碳钢的腐蚀作用不容忽视，因此，研究假单胞菌对金属材料腐蚀的影响具有重要意义。目前，关于单一假单胞菌对金属材料的腐蚀研究国内外已有报道，但对腐蚀的影响也还存在争议，有的认为加速腐蚀，有的认为阻碍腐蚀，但研究多基于较短时间的电化学实验，缺乏较长时间挂样验证，且电化学研究所用培养介质为假单胞菌的培养基，有较强缓蚀作用影响实验结果的科学准确性，有待进一步实验证明，且很少有相关文献报道假单胞菌对金属材料力学性能的影响，这给海洋设施的安全使用留下了很大的隐患。针对于此，本章通过室内挂样，对比 45 钢在不同海水中腐蚀结果，研究了热带海洋气候条件下海水中单一假单胞菌对 45 钢腐蚀行为和力学性能的影响。

5.1 试验材料和试样

实验材料为 45 钢圆钢（齐齐哈尔市宏顺重工集团有限公司出产），化学成分见第 3 章 3.1 节。失重试样、表面分析试样规格尺寸分别为 50mm×25mm×3mm 和 15mm×10mm×3mm，拉伸试样按 GB/T 228—2002 执行。试样表面均用 200 号至 1200 号砂纸逐级打磨后，分别经丙酮除油、蒸馏水冲洗、酒精脱水处理，最后干燥恒重，失重试样称取原始质量（准确到 1mg），测量尺寸（准确到 0.02mm）。

5.2 微生物来源和培养

菌种采集自浸泡在自然海水中的 45 钢锈层，用灭菌刀刮取在自然海水中浸泡 6 个月后的 45 钢试样锈层，用 2216E 培养基进行富集培养，鉴定主要是根据被纯化细菌的来源、培养特性、菌落特征、革兰氏染色、氧化酶、葡萄糖发酵等指标进行，鉴定并纯化后的假单胞菌置于冰箱中冷藏保存，作为本实验的菌种。

5.3 试验介质

取海口市假日海滩海滨浴场海水分别进行以下三组实验：A 组（自然海水组），取自然海水至腐蚀试验箱内，用绝缘丝悬挂试样于其中；B 组（无菌海水组），取经 121℃高温蒸汽灭菌 20min 并冷却至室温的无菌海水至特制无菌腐蚀试验箱内，以相同方法悬挂试样；C 组（假单胞菌海水组），将经活化后的假单胞菌菌种接入液体培养基中培养 12h，按 1%（体积分数）接种到无菌海水中，用平板计数法计算微生物数量。各组试验箱内实验介质每个星期更换一次，每次更换前后均对试验介质进行理化性能测定，海水温度保持为 26℃，实验共进行 60d。

5.4   测试及分析方法

定期刮取 C 组中试样表面腐蚀产物于无菌采样管中，用平板计数法对腐蚀产物中微生物数量进行计数，研究微生物在试样表面附着及生长状况。取腐蚀后的失重试样，依照 GB 5776—1986 清除腐蚀产物，计算平均腐蚀速率。取腐蚀后的显微观察试样，用蒸馏水轻轻漂洗，酒精脱水后烘干，使用扫描电镜（SEM）观察腐蚀表面形貌，并采用能谱（EDS）半定量分析确定腐蚀产物的元素组成。腐蚀产物分析完毕后，用硬毛刷除去试样表面疏松的腐蚀产物，同样按 GB 5776—1986 清除腐蚀产物，采用 SEM 观察试样暴露出的表面基体形貌。用万能试验机按 GB/T 228—2002 对腐蚀后试样进行拉伸实验，为了比较腐蚀前后力学性能的变化，同时对未经腐蚀的空白试样进行拉伸实验。

5.5   假单胞菌对 45 钢腐蚀行为及力学性能的影响

5.5.1   腐蚀产物中微生物的生长变化

如图 5-1、图 5-2 所示分别为假单胞菌在假单胞菌海水中和在 45 钢腐蚀产物中的生长变化图。由图 5-1 可以看出，腐蚀时间为 1~5d 时，假单胞菌海水腐蚀介质中假单胞菌的含量随腐蚀时间的延长而增大，在腐蚀时间为 5d 时，假单胞

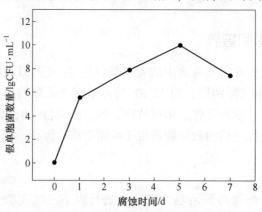

图 5-1   假单胞菌海水中假单胞菌的含量随时间的变化

菌量达最大值 9.5×10^9 CFU/mL，随海水中营养物质的消耗，假单胞菌数量随腐蚀时间进一步延长逐渐下降。该研究结果说明，假单胞菌可以接种于海水中大量生长，实验过程中 C 组腐蚀介质中一直存在大量假单胞菌，为假单胞菌对碳钢腐蚀影响的单因素实验。

如图 5-2 揭示，C 组中附着在 45 钢表面假单胞菌的含量在腐蚀时间为 7d 时既已达到 6.3×10^{13} CFU/g，远高于腐蚀介质中假单胞菌的含量，随时间延长假单胞菌含量逐渐增加，在 30d 时达最大值 9.1×10^{14} CFU/g。腐蚀时间超过 30d 后，随菌膜和腐蚀介质层增厚，内层腐蚀产物中营养物质和含氧量消耗减少，腐蚀产物中假单胞菌含量也随之下降。

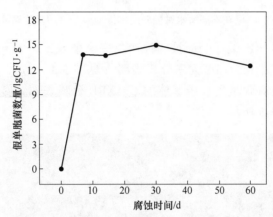

图 5-2　腐蚀产物中假单胞菌的含量随时间的变化

5.5.2　平均腐蚀速率

挂样前对 A 组、B 组和 C 组海水进行理化性能测试，测试结果显示四组海水理化性能差别不大，盐度约为 33‰，溶解氧约为 6mg/L，pH 值约为 8.1，因此可以认为是微生物单因素实验。

45 钢在 A 组、B 组和 C 组中挂片 60d 后，采用失重法测平均腐蚀速率，结果如图 5-3 所示。由图可知，45 钢在四种不同腐蚀环境下平均腐蚀速率明显不同，不含微生物的无菌海水组（B 组）中的平均腐蚀速率最小，含多种微生物的自然海水组（A 组）平均腐蚀速率最大，含单一微生物的 C 组和 D 组的平均腐蚀速率较 B 组大，较 A 组小。这说明单一假单胞菌在样表面的聚集明显加快了 45 钢的腐蚀速率，而自然海水中多种微生物的协同作用比单一微生物对 45 钢腐蚀的促进作用更加明显。

5.5.3　表面分析

如图 5-4 所示为 45 钢试样在 C 组中挂片两个月后表面腐蚀产物形貌及能谱

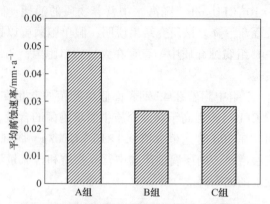

图 5-3 45 钢在不同海水腐蚀介质中浸泡两个月的平均腐蚀速率

图。从图中可以看出，试样表面被腐蚀产物完全覆盖，形成了较厚的腐蚀产物层，腐蚀产物层较酥松。EDS 元素分析表明（见图 5-4（c）），腐蚀产物的主要成分为 Fe、O，还有含量远高于基体的 C。XRD 分析表明，腐蚀产物干燥后为 FeO(OH)，如图 5-5 所示。

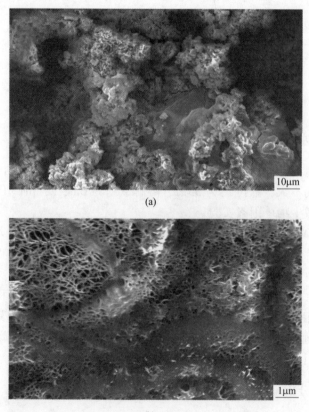

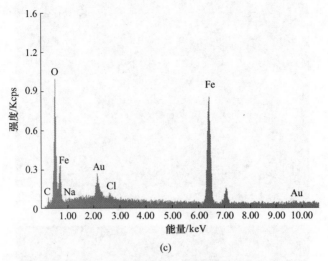

图 5-4 45 钢在 C 组中腐蚀两个月腐蚀产物形貌（a，b）
及对应（b）的 EDS 能谱图（c）

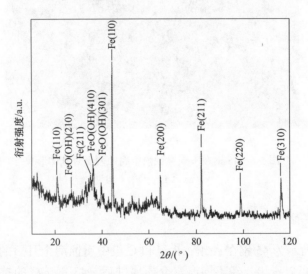

图 5-5 45 钢在假单胞菌海水中浸泡两个月后腐蚀产物的 XRD 谱

挂样两个月后去除 45 钢试样表面腐蚀产物后基体形貌如图 5-6 所示。其中，由于浸泡两个月后 A 组和 B 组试样表面形貌相近，因此只给出 A 组表面形貌（见图 5-6（a））。从图中可以看出，A 组中金属表面比较平整，局部腐蚀不明显，仅能看到少数细小的蚀坑；C 组试样表面比较平整，但发生了明显的点蚀，出现了大量的大而深的点蚀坑，众多点蚀坑相连之处形成了更大的孔洞，这说明单一假单胞菌在表面的聚集改变了 45 钢的腐蚀形貌，加剧了 45 钢的局部腐蚀。

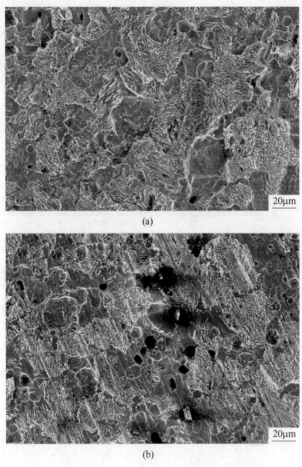

(a)

(b)

图 5-6   45 钢在不同腐蚀液中腐蚀两个月基体形貌

（a）A 组；（b）C 组

5.5.4   力学性能

如图 5-7 所示为 45 钢在 A 组、B 组和 C 组中腐蚀两个月后的拉伸性能测试结果。从图中可以看出，经不同海水介质腐蚀后，45 钢试样的抗拉强度都明显低于未经腐蚀的空白试样。试样抗拉强度的数值规律均为：C 组<A 组<B 组<空白试样，其中，与空白试样相比 C 组抗拉强度下降了 4.6%，A 组下降了 4.2%，B 组下降了 3.1%。可见，在理化性质相同的条件下，与无菌海水相比，存在微生物的腐蚀环境更能降低材料的抗拉强度，尤其是单一假单胞菌对抗拉强度的降低作用更加明显。A 组、B 组、C 组中试样经腐蚀后伸长率均保持在 25% 左右，与未腐蚀的空白试样相比没有明显变化。这说明微生物腐蚀对 45 钢塑性的影响并不明显，不会引起 45 钢产生氢脆。

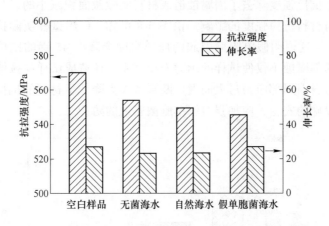

图 5-7   45 钢在不同腐蚀液中腐蚀两个月后力学性能测试结果

5.5.5 影响机制

实验结果表明，在理化性能相同时，C 组试样的平均腐蚀速率比 B 组大，这说明假单胞菌的存在能加快 45 钢的腐蚀。假单胞菌在试样表面不均匀物理附着改变了碳钢表面的电化学反应过程。假单胞菌附着区域一方面阻碍氧的传输，另一方面假单胞菌是异养、好氧菌，其新陈代谢作用快速消耗氧气，因此该区域氧含量较低成为阳极，而周围区域氧含量较高成为阴极，形成了氧浓差电池，增大了碳钢的平均腐蚀速率，并产生严重的局部腐蚀。此外，假单胞菌胞外聚合物（EPS）的黏附作用阻碍了腐蚀产物的脱落，使试样表面腐蚀产物出现局部堆积，进一步阻碍了氧的传输，加速了氧浓差电池腐蚀。局部腐蚀一旦形成后遵循自催化机制，形成深而不规则的腐蚀孔洞，如图 5-6（b）所示的腐蚀形貌。A 组试样的平均腐蚀速率比 C 组试样更快，这说明自然海水中微生物的协同作用比单种假单胞菌更能加快材料的平均腐蚀速率，例如：好氧菌在材料表面成膜后，其自身代谢活动不仅给材料带来腐蚀作用，还为腐蚀性较强的厌氧菌（如 SRB）提供生长条件；另外，一些细菌之间的协同作用也能加快材料的腐蚀，如铁细菌和 SRB 的共同作用更能加速材料的腐蚀进程。

A 组、B 组、C 组试样抗拉强度均低于空白试样抗拉强度，这说明材料经腐蚀后抗拉强度降低。A 组、C 组试样抗拉强度比 B 组更低，这说明微生物的存在使材料的抗拉强度下降更显著。C 组试样抗拉强度比 A 组低，而 C 组试样平均腐蚀速率比 A 组小，这说明材料腐蚀后抗拉强度的降低不仅仅只受平均腐蚀速率的影响。为进一步说明微生物对材料抗拉强度的影响，仍要采用第 2 章所定义的实际抗拉强度 δ 分析，以排除由均匀腐蚀引起的试样截面积减小造成的抗拉强度下降，揭示微生物引起的局部腐蚀对碳钢力学性能的影响。

　　由于实际抗拉强度除去了因腐蚀造成材料实际截面积减小的影响,故其反映了局部腐蚀对材料抗拉强度的影响。由图5-8可知,C组试样实际抗拉强度比A组、B组都小,这说明假单胞菌引起的局部腐蚀会降低45钢的抗拉强度。假单胞菌引起的局部腐蚀不仅使试样的承力面积减少,还造成试样在拉伸过程中应力集中,造成材料因局部应力过大而发生断裂,大大降低了材料的抗拉强度。因此为保证海洋设施的安全,应加强对假单胞菌腐蚀的防护。

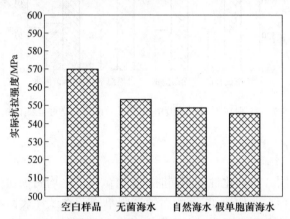

图5-8　45钢在不同腐蚀液中腐蚀两个月后实际抗拉强度测试结果

　　综上,海水中假单胞菌对45钢腐蚀行为及力学性能的影响主要表现为:

　　(1)单一假单胞菌在材料表面的聚集能明显加速45钢的腐蚀速率,并引起试样表面发生严重的局部腐蚀,这使得材料的抗拉强度下降更快。

　　(2)海水中单一假单胞菌腐蚀对45钢塑性的影响并不明显,不会引起碳钢材料产生氢脆。

　　(3)45钢在假单胞菌海水中浸泡两个月后,干燥后的表面腐蚀产物为FeO(OH),EDS半定量元素分析表明,腐蚀产物的主要成分为Fe、O,还有含量远高于基体的C。

6 海水及培养基中假单胞菌对 45 钢电化学腐蚀行为的影响

由微生物生命活动引起或促进的各种材料的腐蚀或破坏过程统称为微生物腐蚀，海洋环境中，微生物对钢铁腐蚀的影响尤为严重。热带海洋环境下海水中微生物的存在显著影响碳钢的平均腐蚀速率，且微生物对碳钢腐蚀行为的影响与微生物种类及含量密切相关。假单胞菌是一种在土壤、淡水、海水中常见的好氧杆菌。通过对自然海水浸泡后碳钢腐蚀产物进行细菌鉴定，发现在腐蚀初期假单胞菌含量达到 60%，在前 7d 更是高达 70%。目前，国内外对微生物腐蚀的作用及腐蚀机理已有一定的研究，针对假单胞菌对金属腐蚀行为影响的研究已有报道，且均为培养基中挂样。但在培养基中挂样与自然环境相差很大，例如，碳钢表面在吸附培养基中的有机物质后自腐蚀电位发生急剧下降。根据两种菌种各自生长的营养需求而采用混合菌种培养基为腐蚀介质，开展的两种细菌对碳钢腐蚀行为协同作用的研究证明，在有限生长条件下某一单种菌极大地抑制了另一种菌的快速生长。微生物腐蚀是一个非常复杂的过程，其影响因素很多，因此由于细菌生长情况的不同，可能造成在培养基环境中的微生物腐蚀情况与实际情况有较大差异。为揭示假单胞菌对碳钢腐蚀行为的实际影响，本章选择了在生物腐蚀显著的海南地区，通过对比室内 45 钢分别在接种假单胞菌及无菌的以培养基及海水为不同腐蚀介质的 4 组不同环境下的挂样结果，研究了假单胞菌对 45 钢腐蚀行为的影响及机理。

6.1 试验材料和试样

工作电极为 45 钢圆钢（齐齐哈尔市宏顺重工集团有限公司出产），化学成分见第 3 章 3.1 节。为消除结构不均匀性和内应力对 45 钢腐蚀行为的影响，圆钢经均匀化退火后，再线切割加工成尺寸为 50mm×25mm×3mm 的失重试片和尺寸为 15mm×10mm×3mm 的显微观察试片，在试片一端打一直径为 3mm、圆心距边缘 5mm 的孔；面积为 $1cm^2$、高约 5mm 的圆柱形，除 1 个端面为工作面外，其余部分用环氧树脂封装的电化学样品。试片表面用 180~1200 号砂纸逐级磨光，经丙酮除油处理后放置干燥器内备用。电解池采用 500mL 的三孔电解池，工作电极为 45 钢圆钢，对电极为铂片电极，参比电极为饱和氯化钾甘汞电极。

6.2 微生物来源和培养

实验所用假单胞菌菌种是从在海水中浸泡初期的碳钢腐蚀产物菌种中分离和富集得到的，海水取自海口市假日海滩海滨浴场海水。将分离富集后的假单胞菌菌种接种至事先准备好的 2216E 固体培养基斜面上，2d 后斜面上长出乳白色细菌，将斜面置于冰箱中冷藏，作为实验菌种。

6.3 挂样环境

取海口市假日海滩海滨浴场海水，根据 2216E 广谱培养基配方配制培养基，将海水及培养基经 121℃ 高温蒸汽灭菌 20min，将假单胞菌在摇床中 37℃ 下培养 24h 后，在部分海水及培养基中按 1% 的体积比接种假单胞菌，分别进行以下四组实验：A 组（有菌海水组）取接种假单胞菌的海水至特制三口烧瓶内，将事先焊接铜导线的电化学样品悬挂其中，取接种假单胞菌的海水至烧杯内，将显微观察样品及称重后的失重试样用绝缘丝悬挂其中；B 组（有菌培养基组）取接种假单胞菌的培养基至特制三口烧瓶内，将事先焊接铜导线的电化学样品悬挂其中，取接种假单胞菌的培养基至烧杯内，将显微观察样品及称重后的失重试样用绝缘丝悬挂其中；C 组（无菌海水组）取灭菌海水至特制三口烧瓶内，将事先焊接铜导线的电化学样品悬挂其中，取灭菌海水至烧杯内，将显微观察样品及称重后的失重试样用绝缘丝悬挂其中；D 组（无菌培养基组）取灭菌培养基至特制三口烧瓶内，将事先焊接铜导线的电化学样品悬挂其中，取灭菌培养基至烧杯内，将显微观察试样及称重后的失重试样用绝缘丝悬挂其中。海水及培养基温度保持为 26℃。

6.4 测试及分析方法

6.4.1 菌液中微生物数量测定

微生物数量采用 0d、1d、3d、5d、7d、15d 六个周期进行测定。取某一实验周期有菌试样，取其中菌液，根据梯度稀释法用无菌海水逐级稀释，将稀释液分别接种在 2216E 固体培养基平板，在培养箱中 30℃ 培养 2d 后，选择菌落清晰、分散且菌落数在 30~300 之间的平板，进行细菌计数。

6.4.2 平均腐蚀速率测定及腐蚀表面观察

平均腐蚀速率及腐蚀表面观察挂片采用 7d 及 15d 两个周期。将腐蚀后的失重试样取出，根据 GB 5776—1986 方法清除腐蚀产物，计算平均腐蚀速率。将腐蚀后的显微观察试样取出后，每种样品各取两片，一片根据 GB 5776—1986 方法清除腐蚀产物，另一片保留腐蚀产物，用蒸馏水轻轻漂洗，酒精脱水后烘干，使用扫描电子显微镜（SEM，S-3000N）观察腐蚀表面形貌，并用 SEM 自带的能谱仪（EDS）确定反应产物的成分。

6.4.3　电化学测试方法

电化学测试使用仪器为美国 PAR 2273 电化学工作站，电解池采用 500mL 的三孔电解池，工作电极为 45 钢，辅助电极为大面积 Pt 电极，参比电极为饱和 KCl 甘汞电极。

电化学测试挂片采用 0d、1d、2d、3d、4d、5d、6d、7d、9d、11d、13d、15d 12 个周期测量自腐蚀电位，采用 0d、1d、3d、5d、7d、15d 6 个周期测量电化学阻抗谱（EIS）及极化曲线。根据此试验周期分别测量四组不同环境下的自腐蚀电位，EIS 及极化曲线。其中 EIS 在自腐蚀电位下进行测试，激励信号为 10mV 的正弦波，测试频率范围为 5~100kHz。极化曲线的测定采用动电位扫描方式，电位扫描速率为 4mV/s。

6.5　海水及培养基中假单胞菌对 45 钢电化学腐蚀行为的影响

6.5.1　微生物分析

如图 6-1 所示是细菌分别在培养基及海水中的生长曲线。由图 6-1 可见，在不同环境中细菌的生长曲线形状相似，但也略有不同。在培养基中，0~3d 为调整期，细菌平稳生长，3~15d 为指数生长期，细菌成对数生长并在第 15d 达到最大值；在海水中，0~7d 为调整期，在 7~15d 为指数生长期，细菌成对数生长并在第 15d 达到最大值。

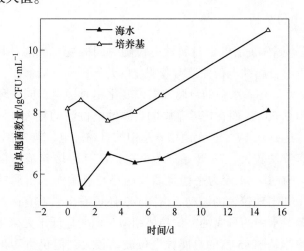

图 6-1　不同环境下假单胞菌的生长曲线

6.5.2 平均腐蚀速率分析

如图 6-2 所示为不同挂样环境中 45 钢 7d 及 15d 的平均腐蚀速率。由图可见，在不同环境不同时间下 45 钢在培养基中的腐蚀速率均比在海水中的腐蚀速率约小一个数量级；在有菌环境下 45 钢的腐蚀速率较无菌环境下的低，但随着时间的推移在有菌环境中 45 钢的腐蚀速率变大，而在无菌环境下 45 钢的腐蚀速率则变小。

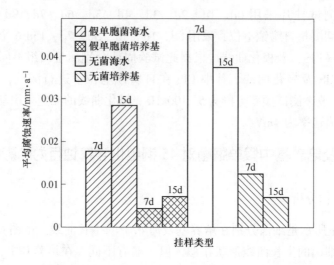

图 6-2　挂样在不同环境下的 45 钢腐蚀速率

6.5.3 自腐蚀电位分析

不同挂样环境中 45 钢电极自腐蚀电位随时间的变化曲线如图 6-3 所示。在不同环境中电极的自腐蚀电位曲线有着明显的差异。

由图 6-3 可见，在海水中的自腐蚀电位变化相对稳定，同一环境下最大值与最小值相差仅为 0.03V；而在培养基中的自腐蚀电位波动较大，同一环境下最大值与最小值相差达到 0.1V。在无菌培养基中的自腐蚀电位首先在 0~2d 出现明显正移，之后一直波动较大，7d 开始逐渐平稳；在有菌培养基中自腐蚀电位首先在 1d 出现负移，在 0~5d 较为平稳且曲线趋势与有菌海水自腐蚀电位变化曲线趋势相似，6~15d 出现较大的波动。由图 6-3 还可看出，在有菌海水中的自腐蚀电位趋势与无菌海水中的自腐蚀电位趋势相似，但明显低于无菌海水中的自腐蚀电位；虽然在培养基中 45 钢的自腐蚀电位波动较大，但仍可看出有菌环境下的自腐蚀电位低于无菌环境下的自腐蚀电位。

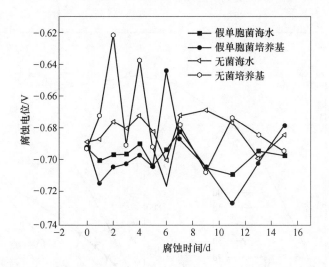

图 6-3 挂样在不同环境下的 45 钢电极自腐蚀电位的变化曲线

6.5.4 电化学阻抗谱分析

如图 6-4 所示是 45 钢在不同环境中测得的阻抗谱能斯特图。由图所示，在培养基环境中的能斯特图随着时间的变化容抗弧的直径波动很大，同一环境中最

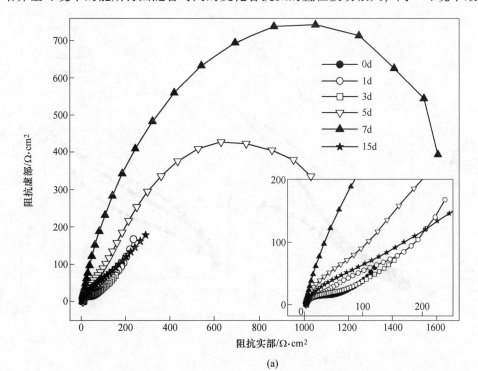

(a)

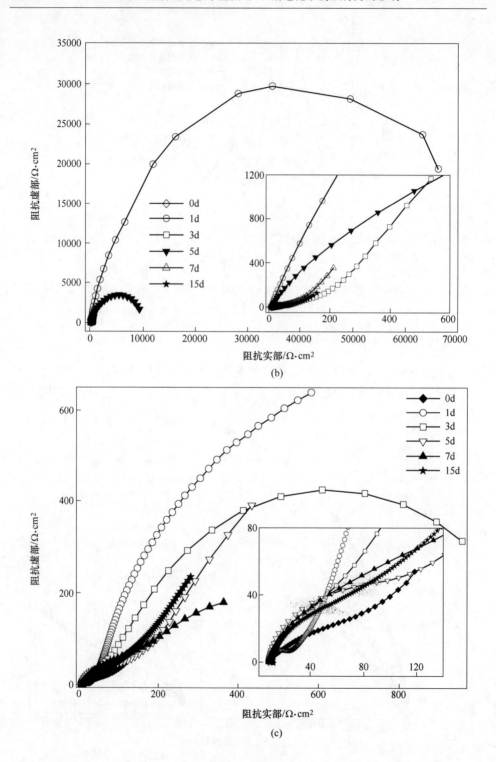

(b)

(c)

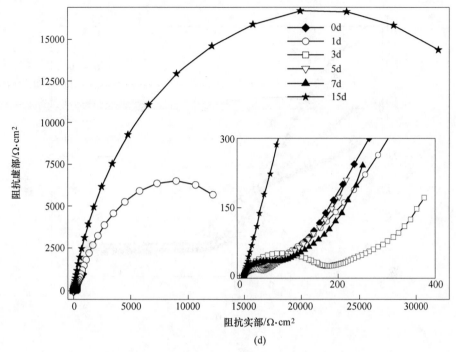

图 6-4　45 钢电极在不同环境下不同时间的能斯特图

(a) 假单胞菌海水；(b) 假单胞菌培养基；(c) 无菌海水；(d) 无菌培养基

大值与最小值相差两个数量级，而在海水中的变化则相对不大，均在同一个数量级内。如图 6-4（a）所示，在假单胞菌海水中，容抗弧直径由大到小分别为 7d、5d、15d、1d、3d、0d，这说明 0~7d 材料的阻抗有增大趋势，7~15d 材料的阻抗则为减小趋势。如图 6-4（b）所示，在假单胞菌培养基中，1d 的能斯特图中容抗弧直径最大，其次为 5d、3d、7d、15d、0d。如图 6-4（c）所示，在无菌海水中，容抗弧直径由大到小分别为 1d、3d、0d、15d、5d、7d，这说明 1~7d 材料的阻抗有减小趋势，7~15d 材料的阻抗则为增大趋势。如图 6-4（d）所示，在无菌培养基中，15d 的能斯特图中容抗弧直径最大，其次为 1d、0d、5d、7d、3d。

如图 6-5 所示为 45 钢在不同环境中测得的波特图中的相位角阻抗图。由图 6-5 可看出，图中均未出现斜率为正的曲线，由此可看出电路均由电容及电阻组成，并无电感存在，45 钢在假单胞菌海水中 5d 及 7d、假单胞菌培养基中 1d 及 5d、无菌海水 1d 及 3d、无菌培养基 1d 及 15d 时的曲线在中低频端的斜率接近 -1。这说明此时的电路弥散效应较小，而在其他环境与时间下，曲线偏离斜率为 -1 的直线较多，这说明此时的电路弥散效应较大。这可能与 45 钢电极表面粗糙度及结构松散程度有关，也可能与电解质成分有关。

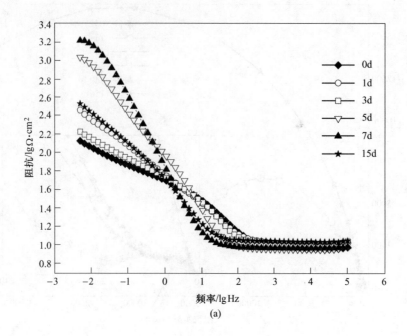

(a)

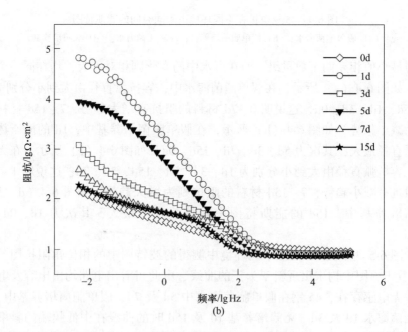

(b)

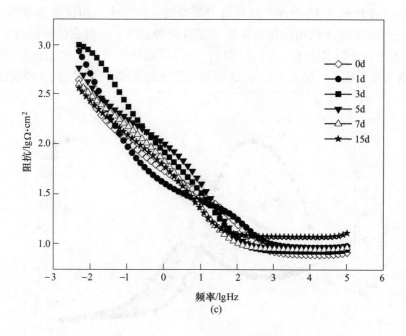

(c)

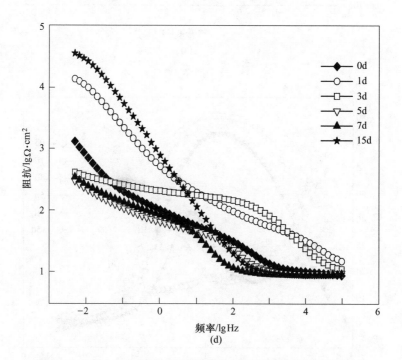

(d)

图 6-5 45 钢电极挂样在不同环境下不同时间的波特-频率阻抗图

（a）假单胞菌海水；（b）假单胞菌培养基；（c）无菌海水；（d）无菌培养基

　　如图 6-6 所示为 45 钢在不同环境中测得的波特图中的相位角频率图。由图可见，在不同环境下的相位角频率图主要有两种曲线。一种在低频端有 1~2 个波峰，如在有菌海水中 5d、7d 的图形，结合能斯特图及相位角阻抗图可看出，在 45 钢表面形成了一层或多层与 45 钢结合紧密的致密光滑的膜；一种仅在频率

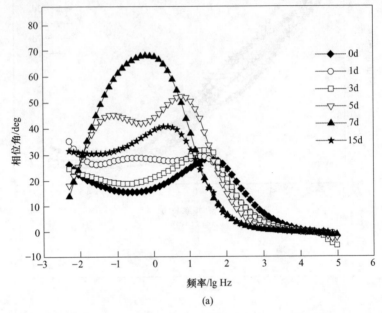

(a)

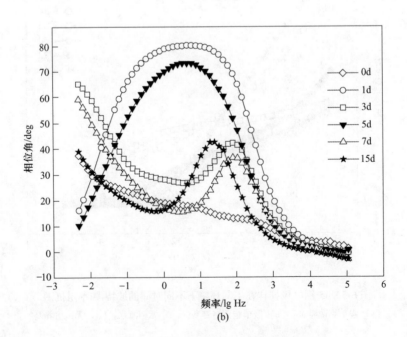

(b)

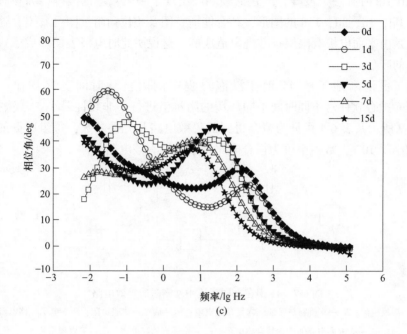

(c)

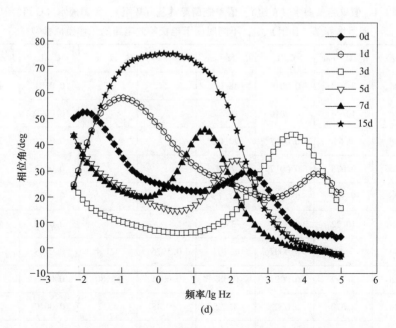

(d)

图 6-6　45 钢电极挂样在不同环境下不同时间的波特–频率相位角图
（a）假单胞菌海水；（b）假单胞菌培养基；（c）无菌海水；（d）无菌培养基

为 $1 \sim 10^3 \, \mathrm{Hz}$ 时有一个波峰，或在低频端又出现了一个较小的波峰，如在有菌海水中的 0d、1d、3d、15d 的图形，结合能斯特图及相位角阻抗图可看出，这种图形变化是由平面电极有限层扩散现象造成的，这说明此时电极表面形成了一层结构松散的膜。

为了更清晰地了解 45 钢在浸泡过程中的阻抗随时间变化规律，利用 Zsimpwin 拟合软件对不同时间不同环境的阻抗谱进行了非线性最小二乘法拟合。如图 6-7 所示及表 6-1 可见为拟合得到的等效电路和元件参数，每组数据的拟合误差均小于 10^{-3}，数值空位为拟合电路结果中没有该电路元件。

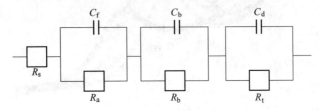

图 6-7　45 钢在不同环境中暴露时的等效电路

R_s—溶液电阻；R_a—有机物与腐蚀产物复合膜电阻；R_b—腐蚀产物膜电阻；R_t—电子迁移电阻；
C_f—有机物与腐蚀产物复合膜电容；C_b—腐蚀产物膜电容；C_d—双电层电容

表 6-1　假单胞菌海水（A 组）、假单胞菌培养基（B 组）、无菌海水（C 组）和
无菌培养基（D 组）中，不同时间下电极等效电路的元件模拟参数

挂样类型	$R_s/\Omega \cdot \mathrm{cm}^2$	C_f/F	$R_a/\Omega \cdot \mathrm{cm}^2$	C_b/F	$R_b/\Omega \cdot \mathrm{cm}^2$	C_d/F	$R_t/\Omega \cdot \mathrm{cm}^2$
A 组 0d	8.828	0.0018	38.07			0.0394	439.2
A 组 1d	10.26	0.0016	18.57			0.0098	291.2
A 组 3d	9.65	0.0007	23.06			0.0181	278.3
A 组 5d	9.075	0.0017	72.7			0.0057	1210
A 组 7d	9.361	0.0117	41.75			0.0035	1811
A 组 15d	10.72	0.0044	35.5			0.0140	614.1
B 组 0d	9.04	0.0007	1.267	0.5976	821.1	0.0188	453.5
B 组 1d	8.399	0.0002	0.382	0.0001	53180	0.0003	1491
B 组 3d	8.679	0.0002	31.25	0.0248	4832	0.0040	280
B 组 5d	8.626	0.0013	94.53	0.0005	9092	0.0012	764.1
B 组 7d	8.541	0.0002	30.87	0.0971	2696	0.0166	202.7

挂样类型	$R_s/\Omega \cdot cm^2$	C_f/F	$R_a/\Omega \cdot cm^2$	C_b/F	$R_b/\Omega \cdot cm^2$	C_d/F	$R_t/\Omega \cdot cm^2$
B 组 15d	7.712	0.0199	133.2	0.2817	520.9	0.0005	33.95
C 组 0d	8.39			0.0115	117.2	0.6029	95.33
C 组 1d	9.063			0.0008	22.36	0.0156	2961
C 组 3d	8.376			0.0013	50.15	0.0056	1230
C 组 5d	8.741			0.0010	96.16	0.0143	4046
C 组 7d	8.715			0.0034	92.55	0.0176	621.4
C 组 15d	11.71			0.0035	65.43	0.0210	1528
D 组 0d	8.508	0.0048	358.7	0.0002	17.64	0.0244	2014
D 组 1d	7.238	0.000002	15.09	0.0007	16590	0.0014	998.6
D 组 3d	8.34	0.00001	143.7	0.0069	323	0.2348	728
D 组 5d	9.246	0.0136	229	0.0002	33.58	0.1814	1254
D 组 7d	8.889	0.0097	191.5	0.0005	47.01	0.1371	1176
D 组 15d	9.446	0.0002	33.23	0.0003	34090	0.0003	1207

注：R_s—溶液电阻；R_a—有机物与腐蚀产物复合膜电阻；R_b—腐蚀产物膜电阻；R_t—电阻迁移电阻；C_f—有机物与腐蚀产物复合膜电容；C_b—腐蚀产物膜电容；C_d—双电层电容。

6.5.5 腐蚀产物及表面形貌分析

如图 6-8 所示，为在培养基挂样 7d 的 45 钢的 SEM 形貌图（图中破损是由脱水剂造成的），由图 6-8（a）可见，45 钢表面几乎被一层表面看似平整的膜所包裹。这层膜非常薄，易破损，如图 6-8（b）所示为膜下方腐蚀产物的形貌，由图可见 45 钢在无菌培养基中挂样 7d 时表面形成了一层与 45 钢结合不紧密的内部结构松散的膜，这与根据 EIS 分析得出的结论相符。如图 6-8（c）及图 6-8（d）所示为在培养基中挂样 7d 时 45 钢基底的 SEM 形貌图。由图可见，45 钢基底的点蚀坑非常明显。EDS 元素分析结果表明，45 钢在无菌培养基中挂样 7d 后试样表面腐蚀产物主要由 Fe（59.72%）、O（31.90%）、C（4.13%）组成，参照 45 钢化学成分可知，C 的质量分数仅占 0.499%。但表面腐蚀产物的 EDS 元素分析结果中 C 含量已高达 4.13%。这说明培养基中的有机物质附着在了 45 钢表面。

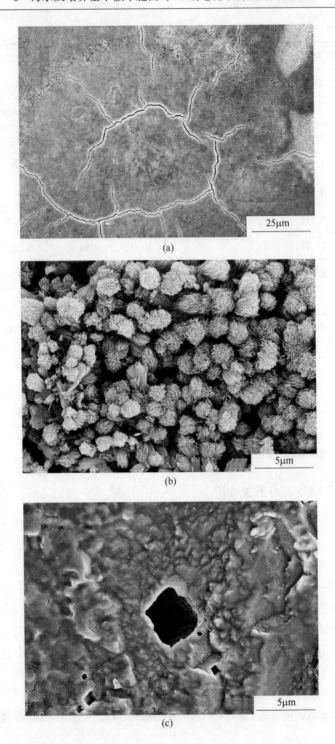

(a)

(b)

(c)

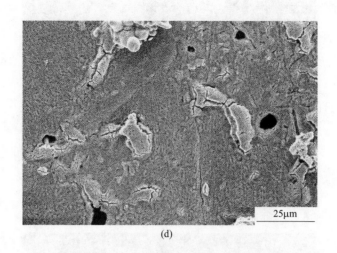

(d)

图 6-8　45 钢挂样 7d 的 SEM 图

(a), (b) 无菌培养基中不同倍率腐蚀产物；(c) 无菌培养基中 45 钢基底；
(d) 假单胞菌培养基中 45 钢基底

如图 6-9 所示为在有菌海水中挂样 7d 及 15d 的 45 钢腐蚀产物 SEM 图谱（图中破损是由脱水剂造成的）。由图可见，在有菌海水中挂样 7d 时，45 钢表面形成了一层致密光滑的膜，且这层膜对 45 钢具有一定的保护作用，因此在 7d 腐蚀产物 SEM 图中并没有大量的腐蚀产物存在；而在 15d 时，由于腐蚀产物的突起刺穿了之前的膜，45 钢表面转化为结构松散且凹凸不平的结构。在无菌海水中挂样 7d 时碳钢表面则并未形成一层膜，因此在无菌海水中挂样 7d 时碳钢表面就已存在明显的腐蚀产物。

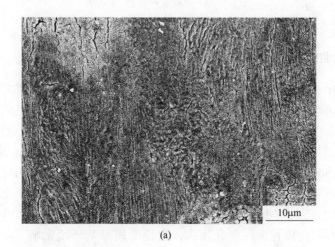

(a)

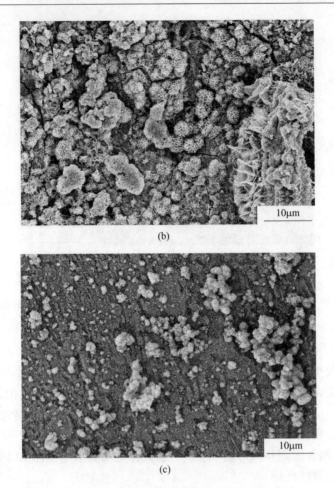

(b)

(c)

图 6-9   45 钢腐蚀产物的 SEM 图

（a）假单胞菌海水中挂样 7d；（b）假单胞菌海水中挂样 15d；（c）无菌海水中挂样 7d

6.5.6   极化曲线分析

如图 6-10 所示为不同时间、不同环境下 45 钢的动电位极化曲线。由图 6-10 可见，随时间增加，在有菌海水中，电极阴极极化性质及腐蚀电位等未发生改变，这说明微生物的生命活动未对电极阴极极化性质及腐蚀电位造成显著影响；由图 6-10（a）及（b）可知：45 钢在有菌海水中挂样 5d、7d 时，及在有菌培养基中挂样 1~5d 时的阳极腐蚀电流较其他时间大为减小，这说明在有菌海水中 5d、7d 时及在有菌培养基中 1~5d 时，微生物的生命活动抑制了电极的阳极过程。将图 6-10（b）、（d）与图 6-10（a）、（c）对比可知，随时间增加在培养基环境下电极的阴极极化曲线变化很大，这说明培养基环境影响了电极的阴极过程，这是培养基中的有机物质吸附在 45 钢电极表面造成的。图 6-10（c）中，45

钢在无菌海水中挂样不同时间的阴极及阳极过程变化不大；图 6-10（d）中，45 钢在无菌培养基中挂样 1d、15d 时腐蚀电流小于其他时间，3d 时 45 钢的钝化电位范围增大。由图 6-10（e）、（f）可见，45 钢在不同环境下挂样，7d 时在有菌海水中的阳极过程最缓慢，而 15d 时在无菌培养基中的阳极过程最缓慢，且培养基的存在使 45 钢的击破电位发生了正移。

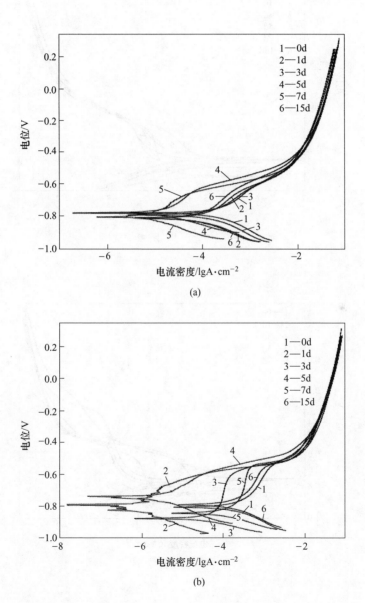

(a)

(b)

0 时，腐蚀电流密度 在 5d 时有所增加，而在 15d 时又减小。图 6-10 （d）中，培养基体系中 45 钢的极化曲线阴极 Tafel 段斜率有所差别，但阳极 Tafel 段斜率差别不大。通过图 6-10 中数据拟合得到 45 钢在海水及培养基中 浸泡不同时间的电化学参数，如表 6-4 所示。

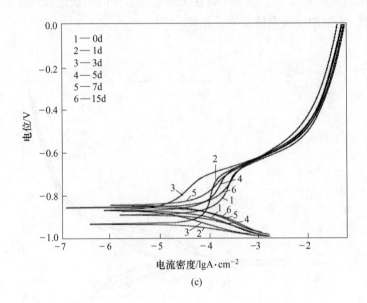

(c)

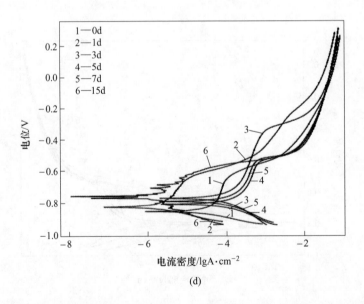

(d)

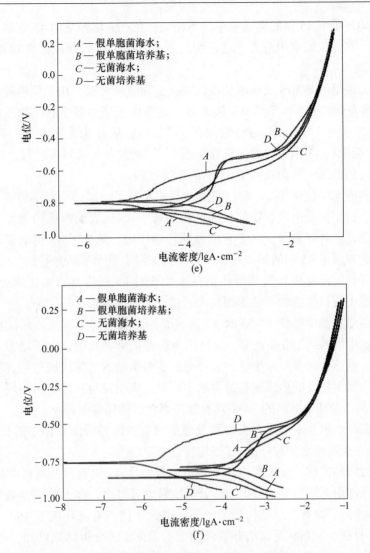

图 6-10 45 钢挂样在不同环境下不同时间的极化曲线图
(a) 假单胞菌海水；(b) 假单胞菌培养基；(c) 无菌海水；(d) 无菌培养基；
(e) 4 种溶液中 7d；(f) 4 种溶液中 15d

6.5.7 影响机制

微生物计数实验结果表明，培养基中的平均菌数相较海水中的平均菌数大两个数量级，这是由于培养基的环境更适合细菌生长；但海水组细菌数始终保持在 10^5 以上，且在 3d 时达到 10^6 并在 15d 达到 10^8。结合失重实验结果可知，虽然在海水中细菌数相较培养基中少，但仍对 45 钢腐蚀造成了显著的影响，这说明海水中的细菌数能够保持对腐蚀造成显著影响的生物活性。

在不同环境下 45 钢的腐蚀速率均不相同，在有菌培养基中 45 钢的平均腐蚀速率最小，在无菌海水中最大，这说明培养基及微生物的存在都能对 45 钢造成缓蚀作用。

根据无菌培养基 EIS 及动电位极化曲线实验结果可知，在无菌培养基中挂样 1d 时 45 钢表面形成了一层结构紧凑的膜，这是由于培养基中有机物质附着在了 45 钢表面形成的一层有机物膜，它减缓了传质过程从而减缓了 45 钢的腐蚀过程。在 3d 时，吸附在 45 钢表面的有机物膜改变了 45 钢表面的阳极过程，增大了 45 钢钝化电位的范围，从而减缓了 45 钢的腐蚀过程。

在有菌海水中挂样 5~7d 时，45 钢表面也形成了一层结构紧凑的膜，且阳极过程减缓。这层膜是由微生物的代谢产物附着于 45 钢表面形成的微生物膜，并且假单胞菌是一种好氧菌，由于它的新陈代谢作用，减少了 45 钢电极附近的氧浓度，因此减缓了 45 钢的阳极过程。对比有菌海水及无菌培养基的 7d 平均腐蚀速率，可看出这种有机物膜及形成的微生物膜对 45 钢均具有减缓腐蚀的作用，且这两种膜中有机物膜的缓蚀作用较大而微生物膜的缓蚀作用较小。

在有菌培养基中挂样 1~5d 时 45 钢表面即形成了具有缓蚀作用的膜，这与在有菌海水中的 5~7d 略有差别。这是因为在有菌培养基中，由于培养基中营养物质丰富，更适合假单胞菌生长，从而促进了微生物的新陈代谢过程，导致在有菌培养基中微生物膜的形成较有菌海水中更早。微生物与有机物的协同作用导致 45 钢在有菌培养基中挂样的 7d 平均腐蚀速率在四种环境中最小。

在无菌海水中并未形成有机物膜及微生物膜这两种缓蚀作用中的任何一种，因此 45 钢在无菌海水中挂样的 7d 平均腐蚀速率最大。

随着时间的推移，在无菌培养基环境中吸附在 45 钢表面的有机物质不断增厚导致缓蚀作用更加明显。根据 EIS 分析结果也可得出，在无菌培养基环境中挂样 15d 的 45 钢表面有一层结构紧凑的膜，因此无菌培养基环境下 15d 平均腐蚀速率较 7d 更小。而在有菌培养基环境下，根据 EIS 分析结果可知，45 钢表面有一层结构松散的膜。此外，45 钢在有菌培养基环境下 15d 的平均腐蚀速率较 7d 大。这是由于假单胞菌带有精氨酸双水解酶，随着时间的推移假单胞菌大量繁殖，假单胞菌的新陈代谢水解有机物产生大量的精氨酸，精氨酸是一种碱性氨基酸，由于精氨酸的局部大量堆积，导致 45 钢表面局部 pH 值过大，破坏了部分保护作用，并产生了点蚀，因此在有菌培养基及有菌海水中 15d 时在平均腐蚀速率均略有增加。

综上，海水及培养基中假单胞菌对 45 钢电化学腐蚀行为有如下影响：

（1）微生物在海水中的细菌浓度较在培养基中约小 1~2 个数量级，但仍能保持对腐蚀造成显著影响的生物活性。

（2）假单胞菌在生长初期会消耗溶解氧并对 45 钢产生缓蚀作用，但在生长后期由于细菌浓度的增大其代谢产物中的碱性物质堆积从而导致 45 钢腐蚀速率增大且造成点蚀。

（3）2116E 培养基中存在的有机物可吸附在 45 钢表面，这种作用可改变 45 钢的阴极过程及阳极过程并对 45 钢造成缓蚀作用，其相较微生物对 45 钢腐蚀造成的影响更大，且随着时间的推移这一缓蚀作用的效果有增大的趋势。

7　氧化硫硫杆菌和假单胞菌协同作用对45钢腐蚀行为的影响

氧化硫硫杆菌（Thiobacillus thiooxidans，T. t）和假单胞菌（Pseudomonas）是在土壤、淡水、海水中常见的好氧杆菌。通过对自然海水浸泡后45钢表面腐蚀产物的微生物进行鉴定，发现氧化硫硫杆菌及假单胞菌在腐蚀初期即可达到较高浓度，7d时两种微生物浓度分别可达到 5.2×10^5 CFU/g、2×10^6 CFU/g。氧化硫硫杆菌在代谢过程中可以将S元素及还原性硫化物氧化为硫酸，对金属材料有极强的腐蚀作用。假单胞菌可通过诱导最外层表面膜主要合金元素成分微量变化增大304不锈钢的点蚀倾向。虽然单种细菌对材料腐蚀的研究受到较多重视，但自然界中绝大多数微生物腐蚀过程是一个各种微生物协同作用的过程，对于该两种同时大量存在于锈层中的腐蚀性细菌之间是否对腐蚀存在协同作用还缺乏研究。本章结合碳钢在无菌海水和单一微生物环境的腐蚀行为，来研究热带海洋气候下海水中腐蚀初期占主导地位的硫杆菌和假单胞菌协同作用下金属腐蚀机理。

7.1　试验材料和试样

试样采用45钢制备，化学成分见3.1节。将45钢加工成尺寸为 $\phi10mm\times3mm$ 的圆柱状电化学试样。失重试样和电镜试样分别加工成尺寸为 $50mm\times25mm\times3mm$ 和 $15mm\times10mm\times3mm$ 的带孔试片。试片表面用 $120\sim1500$ 号砂纸逐级磨光，经丙酮除油，75%乙醇溶液消毒后放置干燥器内备用。实验前，在超净台内至于紫外灯下灭菌1h以保证实验过程中无杂菌污染。

7.2　微生物来源和培养

本实验中所用菌种硫杆菌及假单胞菌是从浸泡于自然海水的45钢腐蚀产物中分离并提纯得到。硫杆菌培养基为Starkey-S培养基。假单胞菌培养基采用广谱2216E培养基。采用氢氧化钠溶液调节pH值为 $7.6\sim7.9$。将配置的培养基在121℃高压灭菌锅里灭菌20min。灭菌完毕之后在超净工作台配制无菌、假单胞菌和硫杆菌单一菌种以及混合菌的介质溶液。单一菌种是将含有菌种的培养基按1%的体积比接种至无菌海水中。混合菌种溶液是将配制的单一菌培养液混合，体积比为1:1。最后置于26℃（海南省年平均温度）环境中恒温培养，介质溶液以15d为周期定期更换以保持细菌所需的营养环境。

分别以 1d、3d、5d、7d、15d、30d 为实验周期，用无菌刀刮取试样表面附着物，并用无菌海水逐级稀释，涂布于相应固体培养基平板培养计数，测得腐蚀产物中活菌数绘制曲线。观察菌落形态特征，随机挑取 10 个菌落结合《伯杰氏细菌鉴定手册》进行鉴定以确保实验过程不受杂菌污染。

7.3 测试及分析方法

7.3.1 腐蚀速度测定

失重实验采用 7d、15d、30d 三个周期，将已灭菌的带孔长方形钢片浸入在介质溶液中，每组 3 个平行试样。依照 GB 5776—1986 方法清除腐蚀产物计算平均腐蚀速率。

7.3.2 电化学测试

电化学测量仪器为美国 PAR 2273 电化学工作站。自腐蚀电位、电化学阻抗谱以及极化曲线测试均采用三电极电解池体系，工作电极为 45 钢，辅助电极为铂电极，参比电极为饱和氯化钾甘汞电极（SCE）。测定在自腐蚀电位下的电化学阻抗谱，激励信号选择幅值为 10mV 的交流正弦波，频率范围为 5mHz ~ 100kHz，定期检测分析。数据采用 Zsimp Win 软件进行拟合，分析膜层结构变化。循环极化曲线扫描范围为从 -1.4V/SCE 到 0.4V/SCE 后回扫，扫描速率为 4mV/s。

7.3.3 表面形貌测试

利用 S-3000N 30kV 扫描电镜（SEM）观察浸于不同环境中 30d 后，试样腐蚀产物形貌以及去除腐蚀产物后试样表面形貌，并采用能谱（EDS）半定量分析腐蚀产物的化学组分。

7.4 氧化硫硫杆菌和假单胞菌协同作用对 45 钢腐蚀行为的影响

7.4.1 微生物分析

如图 7-1 所示为不同环境下锈层中细菌含量随浸泡时间的变化。由图 7-1 可见，样品表面微生物的附着是一个连续的动态过程。挂样 1d 后，锈层中微生物含量均已达到较高浓度 $10^5 ~ 10^6$ CFU/g。浸泡时间为 5d 时，金属表面附着的硫杆菌数量达到最大 1.6×10^7 CFU/g，腐蚀后期，腐蚀产物不断积累，产物膜内微生物新陈代谢所需氧气和营养物质逐渐匮乏，恶化了好氧微生物的生存环境，细菌数开始衰减。假单胞菌环境中，锈层中细菌数随时间变化趋势与硫杆菌相似，在

3d 时样品表面吸附的细菌数已达到最大值。混菌体系中，浸泡初期两种菌在金属表面上的黏着和生长均受到明显延缓和抑制。锈层中硫杆菌数在 7d 达到最大值，且较单菌体系中低 1 个数量级，延长浸泡时间差值缩小。假单胞菌在 5d 时活菌数逐渐稳定并高于单菌系统。

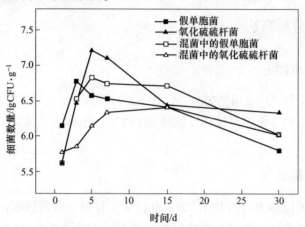

图 7-1   不同体系下腐蚀产物中细菌含量

7.4.2   平均腐蚀速度

如图 7-2 所示为不同环境中 45 钢浸泡 7d、15d、30d 后的平均腐蚀速率。由图可见，不同环境下，试样的腐蚀规律有较大差别。在腐蚀初期无菌体系中样品腐蚀速率较大，达到 0.0377mm/a，随着浸泡时间的延长平均腐蚀速率持续下降，单菌体系中，材料腐蚀速率均呈现先增大后减小的变化趋势，而混菌溶液中平均腐蚀速率不断增大。

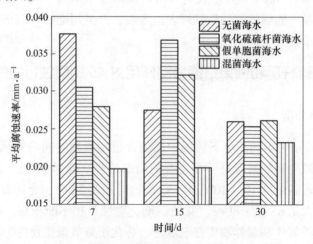

图 7-2   挂样在不同环境下的 45 钢腐蚀速率

　　在所有腐蚀周期下，混菌体系平均腐蚀速率均小于其他3种体系。7d时无菌体系试样平均腐蚀速率明显高于有菌体系。浸泡15d时，单菌体系腐蚀速率增大，硫杆菌中样品平均腐蚀速率高于无菌海水，约为混菌体系的1.85倍。随着腐蚀时间延长，单菌体系和无菌体系中材料平均腐蚀速率数值接近，仍大于混菌体系，但差值明显缩小。因此上述结果可以说明，在腐蚀初期两种微生物的协同作用使45钢的均匀腐蚀受到明显抑制，但随着浸泡时间的延长，腐蚀速率呈增大趋势。

7.4.3　表面形貌分析

　　45钢浸泡在不同体系中30d后表面形貌如图7-3所示。无菌体系中腐蚀产物尺寸较大（见图7-3（a）），所形成的锈层疏松易脱落。由于受到微生物所分泌的胞外聚合物黏附作用的影响，有菌体系中金属表面形成了较厚的腐蚀产物层。

(a)

(b)

图 7-3   45 钢在不同环境下浸泡 30d 后腐蚀形貌

（a）无菌海水；（b）氧化硫硫杆菌海水溶液；（c）假单胞菌海水溶液；

（d）氧化硫硫杆菌和假单胞菌混合海水溶液

在硫杆菌和假单胞菌单菌及混菌体系中浸泡 30d 后，锈层分为两层，内层呈黑色且较为致密，外层为松散的黄褐色腐蚀产物。单菌体系中，腐蚀产物尺寸明显较小，为小球状、片状及短杆状腐蚀产物疏松堆积。混菌体系中，金属表面膜层结构较为致密但存在明显裂纹（见图 7-3（d）），这为氧气到达金属表面提供了通道，使样品表面出现局部氧浓度差为局部腐蚀创造了有利条件。

浸泡 30d 后不同环境下试样 EDS 面扫半定量元素分析结果列于表 7-1。由表可见，试样表面腐蚀产物主要由 Fe 元素和 O 元素组成，腐蚀产物主要为铁氧化物。单菌及混菌环境中腐蚀产物 C 含量明显高于无菌环境，证明锈层中存在大量菌膜有机物，如细菌表面蛋白、胞外聚合物等。

表 7-1　45 钢在不同体系中浸泡 30d 后 EDS 分析　（质量分数 $w/\%$）

挂样体系	Fe	O	C	Si	Ca	Na	Mg
无菌海水	61.07	35.57	1.41	0.78	—	0.54	0.63
硫杆菌海水	55.82	39.47	3.40	0.70	—	0.19	0.42
假单胞菌海水	53.39	37.33	6.45	0.69	0.77	0.72	0.65
混菌海水	53.77	38.93	3.92	0.86	0.95	0.67	0.90

将浸泡在不同体系 30d 后的试样取出，去腐蚀产物后，在 SEM 下进行观察，结果如图所示。由图 7-4（a）可见，无菌体系中试样表面以均匀腐蚀为主，表面起伏较小，较少点蚀现象。在有菌环境下，金属表面呈现典型的点蚀形貌，硫杆菌体系中金属表面可见大量裂纹。混菌溶液中，样品表面的点蚀坑相较单菌体系中更大且深，但由失重数据可知，混菌体系中样品的平均腐蚀速率最小，可见在两种菌的协同作用下，金属均匀腐蚀程度减小，但局部腐蚀程度加大。

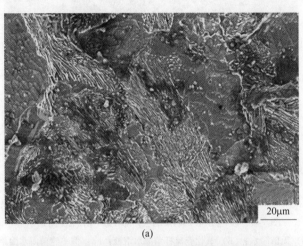

(a)

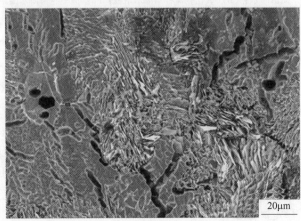

(b)

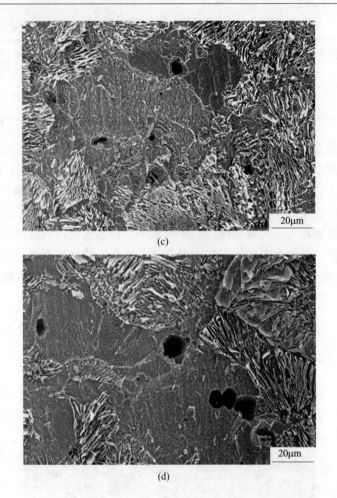

图 7-4   浸泡 30d 后 45 钢去除腐蚀产物后表面形貌
(a) 无菌海水；(b) 氧化硫硫杆菌海水溶液；(c) 假单胞菌海水溶液；
(d) 氧化硫硫杆菌和假单胞菌混合海水溶液

7.4.4   腐蚀电位

不同挂样环境中 45 钢电极自腐蚀电位随时间的变化曲线如图 7-5 所示。在不同环境中电极的自腐蚀电位曲线有着明显的差异。由图可见，腐蚀初期无菌海水中 45 钢的自腐蚀电位一直处于不停的波动状态，18d 后趋于平稳，在 -0.71V 左右。这可能是由于浸泡初期，腐蚀产物逐渐在金属表面积累，但由于腐蚀产物松散在受到重力等外力因素影响时易脱落，使基体暴露于腐蚀介质中从而造成腐蚀电位震荡。但随挂样时间延长，腐蚀产物在金属表面形成较为连续致密的锈层使电位逐渐趋于稳定。

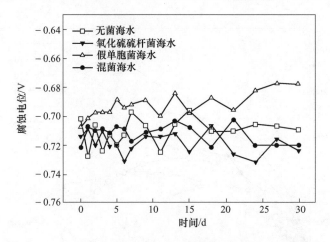

图 7-5 挂样在不同环境下的 45 钢电极自腐蚀电位的变化曲线

假单胞菌体系中 45 钢的自腐蚀电位明显高于无菌体系，这说明假单胞菌的存在使电极的自腐蚀电位正移。硫杆菌体系中自腐蚀电位一直上下波动，这可能是由于硫杆菌产生的酸性代谢产物破坏了腐蚀产物膜的形成使金属表面腐蚀产物不断形成和脱落，腐蚀电位在−0.72V 左右波动。混菌体系中 45 钢的自腐蚀电位在出现小幅正移后一直处于上下波动状态，24d 后逐渐平稳且明显低于无菌海水。这说明在实验后期混菌体系中的腐蚀倾向增大与失重结果相一致。

7.4.5 电化学阻抗谱

如图 7-6 所示为 45 钢分别浸泡在硫杆菌、假单胞菌单菌以及混菌体系中 0d、1d、3d、7d、15d、30d 后的电化学阻抗谱。

由 Nyquist 图可看出不同微生物存在下成膜过程存在明显差异。如图 7-6（a1）所示，3d 后在硫杆菌体系中所得容抗弧均不完整，说明试样表面所附着的膜层为多孔结构。假单胞菌体系中，1~7d 时中低频端容抗弧直径增大并发生明显的实部收缩。这是由于微生物在金属表面吸附，形成完整生物膜过程中存在局部新鲜表面，使基体与侵蚀性溶液发生反应而出现反应活性点引发实部收缩。随浸泡时间延长，微生物膜-腐蚀产物复合膜出现脱落等局部缺陷，7~15d 阻抗图直径减小，腐蚀速率增大。混菌体系中，浸泡初期金属表面微生物附着并形成微生物膜，起到了保护作用，Nyquist 阻抗图直径 0~3d 增大。值得注意的是，1d 时图中出现了 Warburg 阻抗，低频区角度约为 21°，随腐蚀时间延长，Warburg 阻抗消失。7d 后直径减小，这是由于硫杆菌逐渐大量吸附并产生 H_2SO_4，与铁氧化物反应，加速了腐蚀进程。

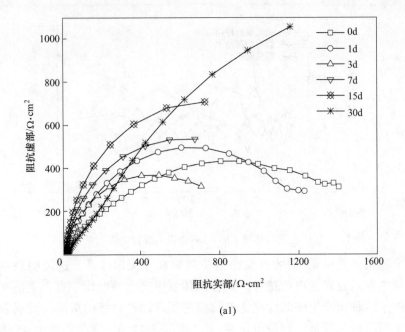

(a1)

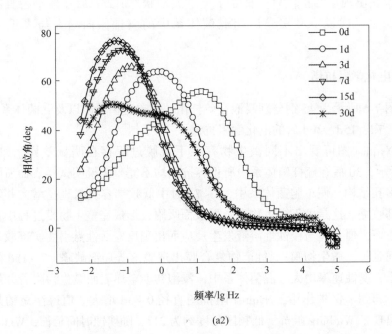

(a2)

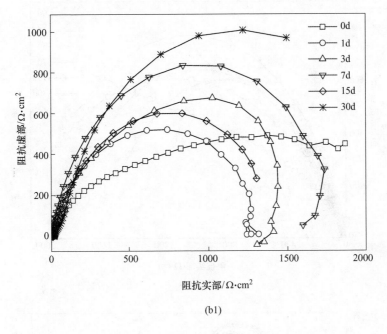

(b1)

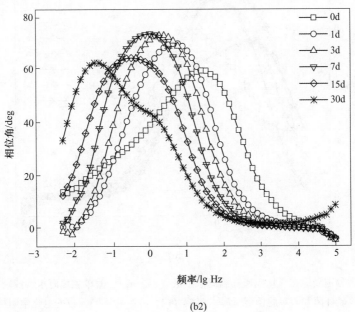

(b2)

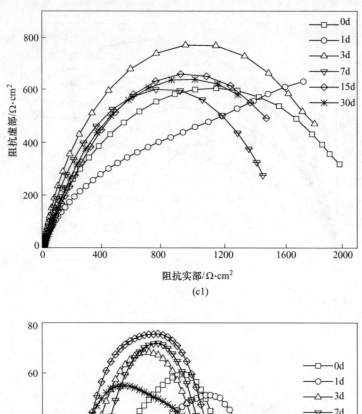

(c1)

(c2)

图 7-6　45 钢分别浸泡在氧化硫硫杆菌海水溶液（a1，a2）、假单胞菌海水溶液（b1，b2）、
　　　　氧化硫硫杆菌和假单胞菌混合海水溶液（c1，c2）中不同天数的电化学阻抗谱

　　由图 7-6（a2）、（b2）、（c2）可看出，1~15d 时，Bode 相图反映出两个时间常数，膜层主要以生物膜或微生物膜-腐蚀产物复合膜层为主，30d 时图中出现 3 个时间常数，这是因为微生物新陈代谢过程中产生大量胞外聚合物逐渐渗入腐蚀产物内层并粘结成一层独立的膜层结构。

利用 Zsimp Win 软件对不同环境的阻抗谱进行拟合得到等效电路和元件参数如图 7-7 和表 7-2 所示，其中 R_s 为溶液电阻，Q_{dl} 为双电层电容，R_{ct} 为电荷迁移电阻，Q_p 为生物膜–腐蚀产物复合膜层电容，R_p 为生物膜–腐蚀产物复合膜层电阻，Q_{in} 为内层腐蚀产物膜电容，R_{in} 为内层腐蚀产物膜电阻，W 为 Warburg 阻抗。

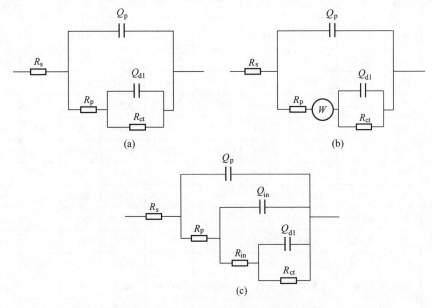

图 7-7　不同微生物体系电极的等效电路

R_s—溶液电阻；Q_{dl}—双电层电容；R_{ct}—电荷迁移电阻；Q_p—生物膜–腐蚀产物复合膜层电容；
R_p—生物膜–腐蚀产物复合膜层电阻；Q_{in}—内层腐蚀产物膜电容；R_{in}—内层腐蚀产物膜电阻；W—Warburg 阻抗

由表 7-2 可见，混菌与单种菌条件下各元件拟合值均呈现较大差异，证明了不同的腐蚀环境对金属表面的膜层结构及其阻抗特性有明显影响。混菌体系中，0~3d 内 Q_p 值上升，表明生物膜在金属表面形成起到阻挡作用。随后，Q_p 值逐渐减小，复合膜层孔隙率增大，相较于假单胞菌体系中 0~15d 时 Q_p 值一直呈增大趋势，说明硫杆菌的存在降低了膜层的均匀性。同时 1~15d 时混菌体系中 R_p 值均小于假单胞菌体系而大于硫杆菌体系，表明混菌中假单胞菌的存在一定程度上抑制了硫杆菌对复合膜的破坏。将浸泡在混菌溶液 45 钢的总阻抗与单菌体系进行比较，0~15d 时混菌体系的总阻抗（R_p+R_{ct}）均大于硫杆菌中浸泡同样天数的总阻抗值；与假单胞菌体系相比较，0d 时，混菌体系总阻抗值较小，但随着浸泡时间延长总阻抗值逐渐大于假单胞菌体系。因此混菌体系中两种微生物之间存在明显的协同作用抑制了 45 钢的腐蚀。随着腐蚀时间进一步延长，混菌的新陈代谢改变了金属表面的膜层结构，腐蚀倾向增大。结合失重结果，混菌体系中腐蚀速率明显小于单菌体系，但随着浸泡时间延长，混菌体系腐蚀速率呈现明显增大趋势，这与电化学结果基本一致。

表 7-2　等效电路中各参数拟合值

挂样	体系时间	R_s/Ω·cm²	Q_p/μF⁻¹·cm⁻²	R_p/Ω·cm²	Q_{in}/μF⁻¹·cm⁻²	R_{in}/Ω·cm²	Q_{dl}/μF⁻¹·cm⁻²	R_{ct}/Ω·cm²	W/μΩ·cm²	等效电路
硫杆菌海水	0d	9.775	436.2	274.2	—	—	1246	1417	—	(a)
	1d	12.45	1191	203.6	—	—	1897	957.3	—	(a)
	3d	13.77	7464	155.9	—	—	7162	632.4	—	(a)
	7d	13.19	710.2	1.036	—	—	9255	906.7	—	(a)
	15d	10.16	711.4	3.371	—	—	1279	1552	—	(a)
	30d	17.92	4.75	3.861	2054	320.6	2804	3430	—	(c)
假单胞菌海水	0d	10.32	185.8	319.7	—	—	1049	2383	—	(a)
	1d	11.08	435.2	913.4	—	—	1227	361.6	—	(a)
	3d	10.68	687.1	777	—	—	450.6	667.3	—	(a)
	7d	9.412	2146	798.1	—	—	1325	876.7	—	(a)
	15d	11.74	2619	263.8	—	—	1483	1179	—	(a)
	30d	16.46	0.7497	3.11	3870	193.9	4029	2371	—	(c)
混菌海水	0d	13.76	666.4	890.7	—	—	0.0016	1177	—	(a)
	1d	7.775	1012	4.684	—	—	77.51	2082	7774	(b)
	3d	11.55	2187	594.9	—	—	677.2	1395	—	(a)
	7d	10.29	1710	251.5	—	—	1118	1286	—	(a)
	15d	9.143	1433	149.2	—	—	2780	1748	—	(a)
	30d	10.46	2157	81.31	2709	1029	2038	749.5	—	(c)

注：R_s—溶液电阻；Q_{dl}—双电层电容；R_{ct}—电荷迁移电阻；Q_p—生物膜-腐蚀产物复合膜层电容；R_p—生物膜-腐蚀产物复合膜层电阻；Q_{in}—内层腐蚀产物膜电容；R_{in}—内层腐蚀产物膜电阻；W—Warburg 阻抗。

7.4.6　极化曲线

如图 7-8 所示为 45 钢在无菌海水、硫杆菌、假单胞菌和硫杆菌-假单胞菌混菌体系中的电极分别浸泡 7d、30d 后的极化曲线。由图 7-8 (a) 可以看出，45钢浸泡在无菌海水中 7d 后的阳极极化曲线较为平滑，不存在明显的钝化区，可见电极一直处于活化状态。而有菌体系中，45 钢的阳极极化曲线先发生活化溶解，接着进入到活化-钝化转变区，这是由于金属表面较为完整的微生物膜使阳极过程受到阻碍，从而降低了金属溶解速度。由图 7-8 (b) 可见，浸泡 30d 后，

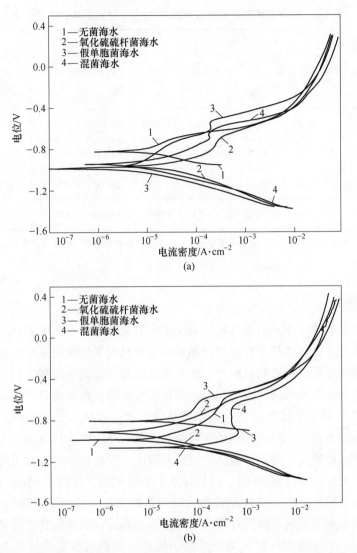

图 7-8　45 钢在不同体系中分别浸泡 7d（a）和 30d（b）后的极化曲线

混菌体系中电极的腐蚀电位最负，同时击破电位小于单菌体系，这说明实验后期混合菌种的存在使金属的腐蚀倾向增大，耐点蚀性降低。

对相应极化曲线的弱极化区进行拟合，所得相关参数列于表 7-3。为评价测量曲线的拟合效果，引进决定系数 R^2，R^2 越接近于 1，表示拟合效果越好。7d 时，45 钢在混菌体系中的腐蚀电流密度明显小于两种单菌体系，这与失重数据所得结果相一致，在腐蚀初期混菌体系中 45 钢平均腐蚀速率小于单菌体系。随着浸泡时间延长，混菌体系中样品腐蚀电流密度显著增大，说明在实验后期，两种微生物的协同作用逐渐加速了金属腐蚀。

表 7-3 · 45 钢在不同体系中分别浸泡 7d 和 30d 后的极化曲线分析

挂样体系	7d				30d			
	I_{corr} /$\mu A \cdot cm^{-2}$	β_a /mV	β_b /mV	R^2	I_{corr} /$\mu A \cdot cm^{-2}$	β_a /mV	β_b /mV	R^2
无菌海水	24.03	476	63.00	0.9918	21.037	97.1	48.53	0.9997
硫杆菌海水	28.62	67.35	67	0.9992	6.74	42.56	57.6	0.9982
假单胞菌海水	7.98	287.83	56.67	0.9988	29.60	78.45	28.34	0.9986
混菌海水	6.56	48.2	65.74	0.9984	208.82	122.81	66.87	0.9991

注：I_{corr}—腐蚀电流密度；β_a—阳极塔菲尔斜率；β_b—阴极塔菲尔斜率；R^2—决定系数。

7.4.7　腐蚀机理

实验结果表明，在其他条件相同情况下，有菌体系与无菌体系试样平均腐蚀速率相差较大，证明硫杆菌和假单胞菌的存在对材料平均腐蚀速率有显著影响。

微生物对金属腐蚀影响取决于它的组成及浓度，因此不同微生物存在条件对金属腐蚀机理也各不相同。腐蚀初期，两种微生物的存在对材料产生缓蚀，浸泡 7d 时，混菌环境下金属平均腐蚀速率明显低于单菌环境，分别为硫杆菌和假单胞菌单菌环境下的 64.5%、70.4%。假单胞菌和硫杆菌均为好氧菌，在新陈代谢过程中消耗大量氧气，降低了金属表面的氧浓度，因此在一定程度上阻碍了碳钢的腐蚀。经测定，在浸泡 5d 时，混菌体系中溶解氧的含量约 1.46mg/L，仅为假单胞菌环境下的 29.9%。氧气和营养物质的大量消耗，延长了细菌的生长周期。而且假单胞菌所分泌的某种胞外聚合物可作为表面活性剂抑制其他种类细菌在金属表面吸附，导致混菌环境下腐蚀产物中硫杆菌的数量较单菌体系少一个数量级。1d 时 Nyquist 图中出现低频区角度约为 21° 的 Warburg 阻抗，说明微生物在金属表面黏着和生长受到抑制导致平面电极表面膜层结构粗糙，呈多孔态，使扩散过程部分相当球面扩散。但随浸泡时间延长更多浮游微生物逐渐黏附于金属表面并分泌具有一定强度和黏性的胞外聚合物，胞外聚合物通过不同官能团间的相互作用使微生物吸附于基体表面，从而在金属表面与液体环境之间逐渐形成完整的微生物膜，Warburg 阻抗消失。均匀的微生物膜-腐蚀产物复合膜阻碍了氧及一些侵蚀性离子的迁移，控制了 45 钢的阳极过程，腐蚀 7d 时，混菌体系中阳极极化曲线出现明显钝化区，且腐蚀电流密度小于单菌体系。

随着浸泡时间延长，假单胞菌为得到体内必需元素 Fe，分泌自身合成的铁载体获取微量游离态的 Fe^{3+}，例如，绿脓杆菌螯铁蛋白（pyochelin）和绿脓素（pyoverdine）等。其中绿脓素含有对 45 钢具有一定腐蚀性的氨基。同时，硫杆菌代谢过程中可将 S 元素和还原性硫化物氧化为 H_2SO_4，铁氧化物与 H_2SO_4 反应生成 $Fe_2(SO_4)_3$，降低了 H_2SO_4 的浓度但同时破坏了腐蚀产物层的致密性降低了其保护作用，导致硫杆菌单菌体系中复合膜层电阻 R_p 明显减小。单菌体系中，金属平均腐蚀速率显著增大。而混菌体系中假单胞菌大量附着并与硫杆菌相互竞争氧气，使溶解氧浓度的持续降低延缓了硫杆菌对硫的利用速度，降低了其对腐蚀环境的恶化。由 EIS 分析结果可见，7~15d 混菌体系中碳钢表面 R_p 值远大于硫杆菌单菌体系，膜层结构相对完整，控制了腐蚀过程。但碳钢表面均匀致密的生物膜-腐蚀产物膜复合膜，阻碍了的 H_2SO_4 的迁移，降低了基体表面局部 pH 值并形成 H^+ 浓差，促进了局部腐蚀，试样去腐蚀产物后表面可观察到严重的坑洞。

浸泡时间进一步延长，金属表面形成多层膜结构。外层生物膜内微生物因氧浓度持续降低和营养物质匮乏而导致生命活性降低，随着生物膜根基弱化，出现细菌局部脱落，表层生物膜层疏松且阻抗值减小。同时微生物分泌的胞外聚合物逐渐渗透到内层腐蚀产物上并黏结成致密的保护膜层，腐蚀得到抑制。混菌体系中，胞外聚合物-腐蚀产物膜相对更为致密，30d 时 R_{in} 值远大于两种单菌体系。但由于腐蚀产物大量堆积因内应力作用相互排挤，内层膜出现裂痕，腐蚀产物膜缝隙处容易形成氧浓度差增大了腐蚀倾向，混菌体系中电极腐蚀电流密度明显高于单菌环境。由于受到前期缓蚀作用影响，浸泡时长为 30d 时混菌体系平均腐蚀速率仍略小于单菌和无菌体系，但综合上述分析可知，随浸泡时间延长混菌体系中金属腐蚀速率逐渐大于单菌体系，混菌的存在加大了金属的腐蚀倾向。

综上，氧化硫硫杆菌和假单胞菌协同作用对 45 钢腐蚀行为的影响如下：

（1）30d 内，假单胞菌与氧化硫硫杆菌的协同作用降低 45 钢均匀腐蚀，随着浸泡时间的延长，平均腐蚀速率逐渐增大。

（2）假单胞菌的存在抑制氧化硫硫杆菌在金属表面附着，并延缓了硫杆菌对腐蚀环境的恶化。

（3）电化学阻抗谱分析结果表明，1~15d 时，假单胞菌与氧化硫硫杆菌混菌体系中电极总阻抗值大于相同浸泡天数的单菌体系，混菌的存在抑制了 45 钢的腐蚀。随腐蚀时间延长，30d 时试样表面膜层由单层变为多层，混菌体系中总阻抗小于单菌体系。同时，极化曲线结果表明，浸泡 30d 后，混菌体系中电极腐蚀电流密度明显高于单菌和无菌体系，说明浸泡时间延长混菌中金属腐蚀速率逐渐增大且大于单菌和无菌体系。

（4）显微观察结果表明，氧化硫硫杆菌和假单胞菌混菌体系中内层腐蚀产物膜平整致密但有明显裂纹且点蚀现象较单菌体系更为严重。

8 铁细菌和弧菌协同作用对 45 钢腐蚀行为的影响

弧菌和铁细菌是一种在土壤、淡水、海水中常见的兼性微生物。通过对自然海水浸泡后 45 钢表面腐蚀产物的微生物进行鉴定，发现弧菌（Vibrio）及铁细菌（Iron bacteria）在腐蚀初期即可达到较高浓度，7d 时两种微生物浓度分别可达到 $7.5 \times 10^5 \text{CFU/g}$、$1.0 \times 10^5 \text{CFU/g}$。氧化铁杆菌是铁细菌中的一种，它能使 Fe^{2+} 氧化成 Fe^{3+}，而 Fe^{3+} 有很强的氧化性能，它可把硫化物氧化成硫酸而加速钢铁腐蚀。弧菌是一种产酸菌，在腐蚀过程中能显著降低局部 pH 促进金属的局部腐蚀。虽然单种细菌对材料腐蚀的研究受到较多重视，但自然界中绝大多数微生物腐蚀过程是一个各种微生物协同作用的过程，对于该两种同时大量存在于锈层中的腐蚀性细菌之间是否对腐蚀存在协同作用还缺乏研究。我们结合碳钢在无菌海水和单一微生物环境的腐蚀行为，研究了热带海洋气候下海水中腐蚀初期占主要地位的铁细菌和弧菌协同作用下金属腐蚀机理。

8.1 试验材料和试样

试样采用 45 钢制备，化学成分见 3.1 节。将 45 钢加工成尺寸为 $\phi 10\text{mm} \times 3\text{mm}$ 的圆柱状电化学试样。失重试样和电镜试样分别加工成尺寸为 $50\text{mm} \times 25\text{mm} \times 3\text{mm}$ 和 $15\text{mm} \times 10\text{mm} \times 3\text{mm}$ 的带孔试片。试片表面用 $120 \sim 1500$ 号砂纸逐级磨光，经丙酮除油，75% 乙醇溶液消毒后放置干燥器内备用。实验前，在超净台内至于紫外灯下灭菌 1h 以保证实验过程中无杂菌污染。

8.2 微生物来源和培养

本实验中所用菌种弧菌及铁细菌是从浸泡于自然海水的 45 钢腐蚀产物中分离并提纯得到。弧菌培养基为广谱 2216E 培养基，铁细菌培养基采用柠檬酸铁铵培养基。将配置的培养基在 121℃ 高压灭菌锅里灭菌 20min。单一菌种培养液是将含有菌种的培养基按 1% 的体积比接种至无菌海水中。混合菌种溶液是将配制的单一菌种培养液混合，体积比为 1:1。最后置于 26℃（海南省年平均温度）环境中恒温培养，介质溶液以 15d 为周期定期更换以保持细菌所需的营养环境。

分别以 1d、3d、5d、7d、15d、30d 为实验周期，用无菌刀刮取试样表面附着物，并用无菌海水逐级稀释，涂布于相应固体培养基平板培养计数，测得腐蚀产物中活菌数绘制曲线。观察菌落形态特征，随机挑取 10 个菌落结合《伯杰氏细菌鉴定手册》进行鉴定以确保实验过程不受杂菌污染。

8.3　测试及分析方法

8.3.1　腐蚀速度测定

失重实验采用 7d、15d、30d 三个周期，将已灭菌的带孔长方形钢片浸入在介质溶液中，每组三个平行试样。依照 GB 5776—1986 方法清除腐蚀产物计算平均腐蚀速率。

8.3.2　电化学测试

电化学测量仪器为美国 PAR2273 电化学工作站。自腐蚀电位、电化学阻抗谱以及极化曲线测试均采用三电极电解池体系，工作电极为 45 钢，辅助电极为铂电极，参比电极为饱和氯化钾甘汞电极（SCE）。测定在自腐蚀电位下的电化学阻抗谱，激励信号选择幅值为 10mV 的交流正弦波，频率范围为 5mHz ~ 100kHz，定期检测分析。数据采用 Zsimp Win 软件进行拟合，分析膜层结构变化。循环极化曲线扫描范围为从 -1.4V/SCE 到 0.4V/SCE 后回扫，扫描速率为 4mV/s。

8.3.3　表面形貌测试

利用扫描电子显微镜观察浸于不同环境中 30d 后试样腐蚀产物形貌以及去除腐蚀产物后试样表面形貌，并采用能谱（EDS）半定量分析腐蚀产物的化学组分。

8.4　铁细菌和弧菌协同作用对 45 钢腐蚀行为的影响

8.4.1　微生物分析

如图 8-1 所示为不同环境下锈层中细菌含量随浸泡时间的变化。由图可见，挂样 1d 后，锈层中微生物含量均已达到较高浓度 $10^5 ~ 10^6 CFU/g$。弧菌单菌环境中，浸泡时间为 1d 时，金属表面附着的弧菌数量已达到 $5.0 \times 10^6 CFU/g$，经过 1 ~ 7d 的调整期后细菌数不断增大，在 30d 时达到最大值 $2.5 \times 10^7 CFU/g$。铁细菌单菌环境中，3d 时样品表面吸附的细菌数已达到最大值 $1.8 \times 10^7 CFU/g$，随浸泡时间延长细菌数开始衰减并逐渐趋于稳定。混菌体系中，腐蚀初期弧菌在金属表面上的黏着和生长均受到明显延缓和抑制，锈层中弧菌数在 7d 达到最大值 $7.0 \times 10^6 CFU/g$，7 ~ 15d 细菌快速衰减，15d 时细菌数较单菌体系中低 1 个数量级，并随浸泡时间延长，数量变化不大。与弧菌黏着生长变化情况相反，7d后锈层中铁细菌活菌数逐渐稳定并高于单菌系统。

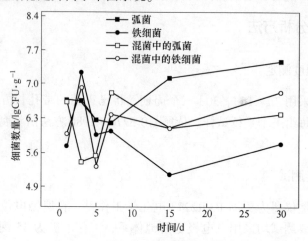

图8-1　不同体系下腐蚀产物中细菌含量

8.4.2　平均腐蚀速度

如图8-2所示为不同环境中45钢浸泡7d、15d及30d后的平均腐蚀速率。由图可见，不同环境下，试样的腐蚀规律有较大差别。在腐蚀初期无菌及弧菌单菌环境中样品腐蚀速率相差不大，均可达到0.0377mm/a，明显高于其他两种体系中试样的平均腐蚀速率，随着浸泡时间的延长平均腐蚀速率持续下降。相反，铁细菌单菌和混菌溶液中样品平均腐蚀速率呈不断增大趋势。

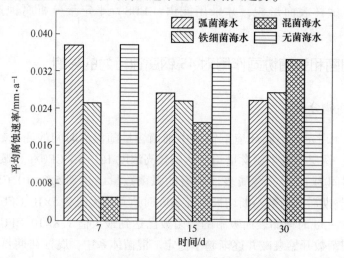

图8-2　挂样在不同环境下的45钢腐蚀速率

除 30d 的腐蚀周期外，混菌体系中样品平均腐蚀速率均小于其他 3 种体系。7d 时弧菌铁细菌混菌体系中试样平均腐蚀速率为 0.0051mm/a 约为无菌体系的 13.5%。浸泡 15d 时，单菌体系腐蚀速率增大，硫杆菌中样品平均腐蚀速率高于无菌海水，约为混菌体系的 1.85 倍。随着腐蚀时间延长，单菌体系和无菌体系中材料平均腐蚀速率数值接近，并逐渐小于混菌体系，30d 时无菌环境下的平均腐蚀速率约为混菌环境下的 0.69 倍。因此上述结果可以说明，在腐蚀初期两种微生物的协同作用使 45 钢的均匀腐蚀受到明显抑制，但随着浸泡时间的延长，腐蚀速率呈增大趋势。

8.4.3 表面形貌分析

由图 8-3 (a) 可见，45 钢在弧菌环境下局部形成了一层光滑的生物膜，进一步放大后图 8-3 (b) 可观察到生物膜内包裹着大量球状及杆状腐蚀产物。致密的微生物膜层在一定程度上抑制了金属的全面腐蚀，但同时，微生物膜附着区内的化学状态、组成等与周围环境不同，存在物质浓度差异，为局部腐蚀创造条件。铁细菌单菌环境中，腐蚀产物膜表面存在大量不规则的瘤状沉淀，由图 8-3 (d) 可见，锈瘤主要由片状及球状腐蚀产物搭接而成，大量腐蚀产物堆积嵌入微生物膜内，使微生物膜—腐蚀产物复合膜层结构遭到破坏，降低了膜层的防护性能，增大了金属的腐蚀倾向。混菌体系中，浸泡 30d 后的试样表面形成了一层均匀致密的产物膜（见图 8-3 (e)），放大后（见图 8-3 (f)）可观测到腐蚀产物膜表层存在大量裂纹，这为溶解氧到达金属表面提供了通道，使样品表面出现局部氧浓度差为局部腐蚀创造了有利条件。

200μm

(a)

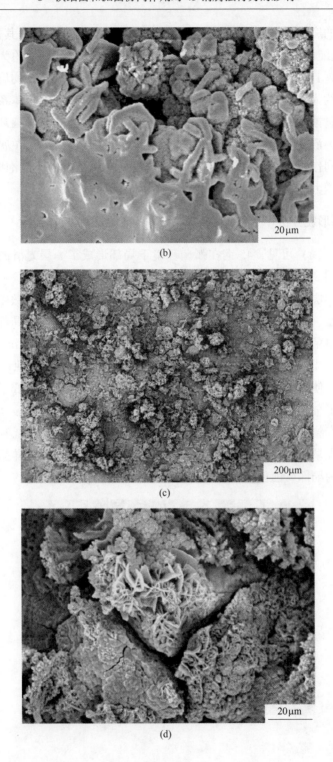

(b)

(c)

(d)

(e)

(f)

图 8-3　45 钢在不同环境下浸泡 30d 后腐蚀形貌
（a），（b）弧菌海水溶液；（c），（d）铁细菌海水溶液；（e），（f）弧菌和铁细菌混合海水溶液

　　浸泡 30d 后不同环境下试样 EDS 面扫半定量元素分析结果列于表 8-1。由表可见，试样表面腐蚀产物主要由 Fe 元素和 O 元素组成，腐蚀产物主要为铁氧化物。单菌及混菌环境中腐蚀产物 C 含量明显高于无菌环境，证明锈层中存在大量菌膜有机物，如细菌表面蛋白、胞外聚合物等。

　　将浸泡在不同体系 30d 后的试样取出，去腐蚀产物后，在 SEM 下进行观察，结果如图所示。由图 8-4（c）可见，混菌溶液中，样品表面可见大量大小不一的点蚀坑，可见在两种菌的协同作用下促进了金属的局部腐蚀。

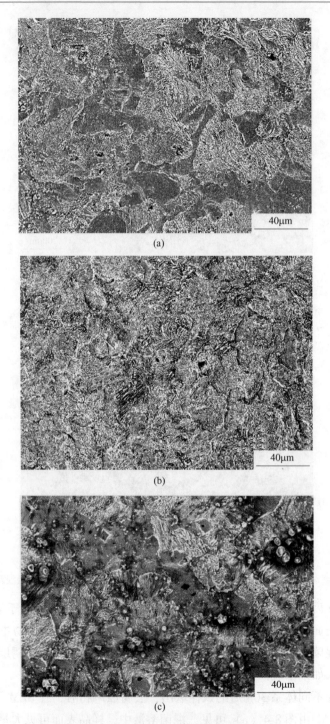

图 8-4　浸泡 30d45 钢去腐蚀产物后表面形貌

（a）弧菌海水溶液；（b）铁细菌海水溶液；（c）弧菌和铁细菌混合海水溶液

表 8-1　45 钢在不同体系中浸泡 30d 后 EDS 分析　（质量分数 $w/\%$）

挂样体系	Fe	O	C	Si	Ca	Na	Mg	S
弧菌海水	52.39	36.33	6.45	1.69	1.47	1.02	0.65	—
铁细菌海水	55.52	37.98	1.74	0.59	—	—	1.90	—
混菌海水	47.24	43.57	4.40	—	0.72	0.83	1.85	1.39

8.4.4　腐蚀电位

不同挂样环境中 45 钢电极自腐蚀电位随时间的变化曲线如图 8-5 所示。在不同环境中电极的自腐蚀电位曲线有着明显的差异。弧菌、铁细菌单菌体系中 45 钢的自腐蚀电位在腐蚀初期均发生正移，随后呈现一直上下波动趋势，且均明显高于无菌体系。这说明腐蚀初期微生物在金属表面的不断吸附形成微生物膜并与不断积累的腐蚀产物混合形成一层保护膜，有效减缓了碳钢的腐蚀。随后由于受到微生物代谢产物及溶液营养环境等因素影响，使金属表面腐蚀产物不断形成和脱落，腐蚀电位在 -0.69V 左右波动。混菌体系中 45 钢的自腐蚀电位在出现小幅正移后一直处于上下波动状态，21d 后逐渐负移，这说明在实验后期混菌体系中的腐蚀倾向增大与失重结果相一致。

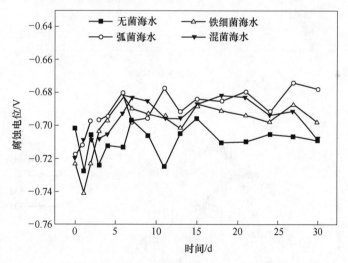

图 8-5　挂样在不同环境下的 45 钢电极自腐蚀电位的变化曲线

8.4.5　电化学阻抗谱

如图 8-6 所示为 45 钢分别浸泡在弧菌、铁细菌单菌以及混菌体系中 0d、1d、3d、7d、15d、30d 后的电化学阻抗谱。

由 Nyquist 图可看出，不同微生物存在下成膜过程存在明显差异。如图 8-6

（a1）所示，弧菌体系中，0~3d 时中低频端容抗弧直径增大，说明试样表面逐渐形成微生物膜抑制了腐蚀进行。而浸泡初期微生物膜不完整，存在局部新鲜表面使基体与侵蚀性溶液发生反应，表现为 0d 时容抗弧出现实部收缩。随后容抗弧直径先减小最后增大，在 30d 时达到最大。铁细菌单菌环境中，0d 时，图中出现了 Warburg 阻抗，低频区角度约为 30°，随腐蚀时间延长 Warburg 阻抗消失。1~7d 时容抗弧直径相差不大，15d 时直径达到最大，浸泡时间延长。由于微生物膜-腐蚀产物复合膜出现脱落等局部缺陷，30d 时容抗弧直径减小。混菌体系

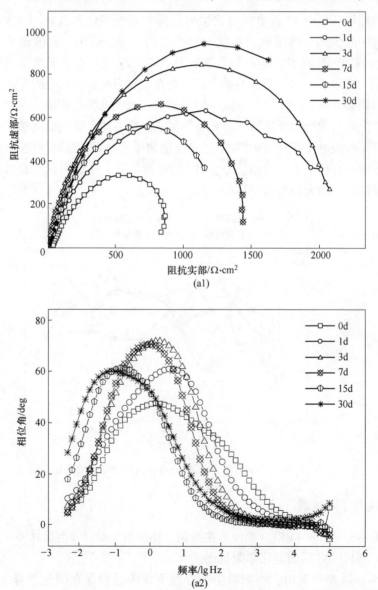

（a1）

（a2）

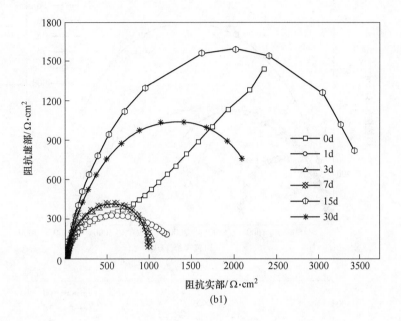

(b1)

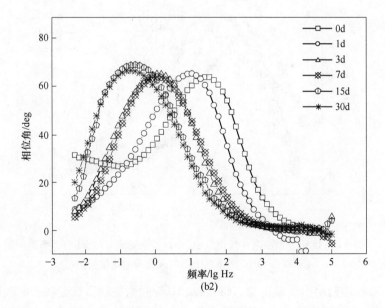

(b2)

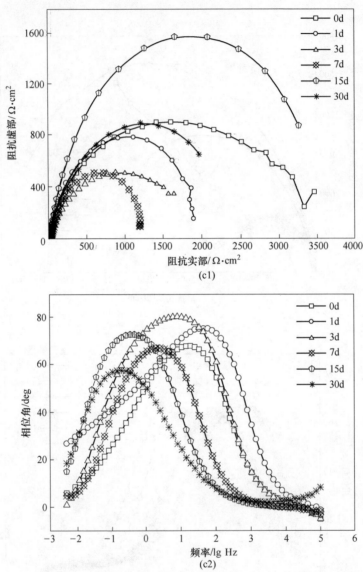

图 8-6　45 钢分别浸泡在弧菌（a1，a2）、铁细菌（b1，b2）、弧菌-铁
细菌（c1，c2）体系中不同天数的电化学阻抗谱

中，0d 时浸泡初期由于微生物、Cl⁻ 以及 H⁺ 等吸附性物质在金属表面吸附产生的
弥散效应，所测定的低频端容抗弧不是一个规则的半圆而是一个压扁的容抗弧。
随浸泡时间延长容抗弧直径呈现先减小后增大随后减小的变化趋势，在 15d 时直
径达到最大值。

由图 8-6（a2）、（b2）、（c2）可看出，1~15d 时，Bode 相图反映出两个时

间常数，膜层主要以生物膜或微生物膜-腐蚀产物复合膜层为主。随腐蚀时间延长，相位角峰值不断向低频端偏移说明试样表面逐渐形成完整的膜层结构。

利用 Zsimp Win 软件对不同环境的阻抗谱进行拟合得到等效电路和元件参数如图 8-7 和表 8-2 所示。其中 R_s 为溶液电阻，Q_{dl} 为双电层电容，R_{ct} 为电荷迁移电阻，Q_p 为生物膜-腐蚀产物复合膜层电容，R_p 为生物膜-腐蚀产物复合膜层电阻，W 为 Warburg 阻抗。

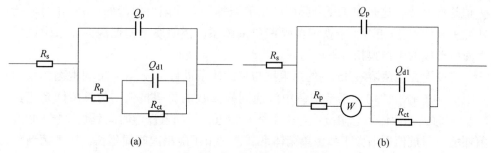

图 8-7　不同微生物体系电极的等效电路

R_s—溶液电阻；Q_{dl}—双电层电容；R_{ct}—电荷迁移电阻；Q_p—生物膜-腐蚀产物
复合膜层电容；R_p—生物膜-腐蚀产物复合膜层电阻；W—Warburg 阻抗

表 8-2　等效电路中各参数拟合值

挂样体系	时间	R_s /Ω·cm²	Q_p /μF⁻¹·cm⁻²	R_p /Ω·cm²	Q_{dl} /μF⁻¹·cm⁻²	R_{ct} /Ω·cm²	W /μΩ·cm²	等效电路
弧菌海水	0d	9.422	621.5	58.2	980.6	945.1	—	(a)
	1d	10.53	826.5	848.7	1514	1297	—	(a)
	3d	10.1	980.9	930.8	937.7	1234	—	(a)
	7d	11.52	1509	744.4	970.3	761	—	(a)
	15d	19.1	4204	358.3	1768	1031	—	(a)
	30d	16.57	4064	662.1	1286	2038	—	(a)
铁细菌海水	0d	9.92	136.6	247	1541	570.1	505.7	(a)
	1d	9.02	744.6	0.13	265.2	1534	—	(a)
	3d	10.29	1925	719.4	3624	374	—	(a)
	7d	10.87	1603	187	149.9	882.9	—	(a)
	15d	16.99	293.5	11.39	1131	4002	—	(a)
	30d	14.95	567.6	5.763	2743	2773	—	(a)
混菌海水	0d	10.15	151.9	702.3	384.8	3032	—	(b)
	1d	10.22	1003	1015	1361	937.6	—	(a)
	3d	20.06	587	182.9	1105	1810	—	(a)
	7d	9.584	898.5	518.5	702.2	730	—	(a)
	15d	12.85	1469	33.31	419.7	3710	—	(a)
	30d	25.07	1253	23.73	1418	2595	—	(a)

注：R_s—溶液电阻；Q_{dl}—双电层电容；R_{ct}—电荷迁移电阻；Q_p—生物膜-腐蚀产物复合膜层电容；
　　R_p—生物膜-腐蚀产物复合膜层电阻；W—Warburg 阻抗。

　　由表 8-2 可见，混菌与单种菌条件下各元件拟合值均呈现较大差异，证明了不同的腐蚀环境对金属表面的膜层结构及其阻抗特性有明显影响。弧菌体系中在浸泡过程中，Q_p 值 0~15d 呈增大趋势后趋于平稳，说明电极表面的吸附平衡偏向吸附，证明了这段时间内生物膜正在电极表面形成。腐蚀初期，铁细菌单菌环境中 Q_p 值变化趋势与弧菌单菌体系相近，证明生物膜正在电极表面形成。混菌体系中，1~15d 时 Q_p 值上升，表明生物膜在金属表面形成起到阻挡作用，随后，Q_p 值逐渐减小，这是由于复合膜层产生破裂等局部缺陷所引起的。0~7d 时混菌环境中试样 Q_p 值相对小于铁细菌弧菌单菌体系，说明腐蚀初期混菌体系中试样表面所形成的生物膜相对不均匀。

　　将浸泡在混菌溶液 45 钢的总阻抗与单菌体系进行比较，0~7d 时混菌体系的总阻抗（R_p+R_{ct}）均大于铁细菌中浸泡同样天数的总阻抗值；与弧菌体系相比较，0d 时，混菌体系总阻抗值与弧菌体系相近，但随着浸泡时间延长，15d 时混菌环境总阻抗值逐渐大于弧菌单菌体系。这是由于随浸泡时间延长，铁细菌新陈代谢产生大量的氢氧化铁沉积于金属表面，一定程度上阻隔了侵蚀性离子的腐蚀，总阻抗值增大。因此，混菌体系中两种微生物之间存在明显的协同作用抑制了 45 钢的腐蚀。随着腐蚀时间进一步延长，30d 时两种微生物的协同作用使金属表面的膜层出现裂纹，腐蚀倾向增大，总阻抗值小于两种单菌体系。结合失重结果，随着浸泡时间延长，混菌体系腐蚀速率逐渐大于两种单菌体系，这与电化学结果基本一致。

8.4.6　极化曲线

　　如图 8-8 所示为 45 钢在弧菌、铁细菌单菌及弧菌-铁细菌混菌体系中电极分别

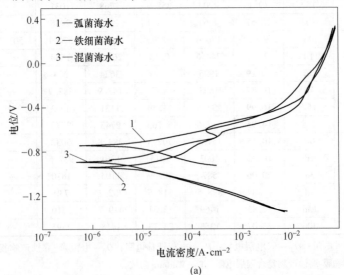

(a)

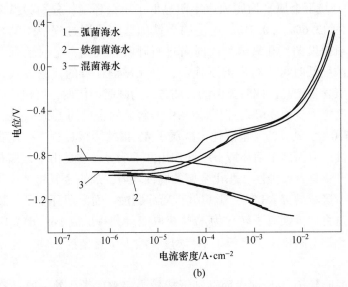

图 8-8 45 钢在不同体系中分别浸泡 5d（a）和 30d（b）后的极化曲线

浸泡 5d、30d 后的极化曲线。由图可见三种环境下，浸泡 30d 后试样腐蚀电位均发生了负移，其中弧菌-铁细菌混菌体系中负移最为明显，由 5d 的-0.895V 负移至 30d 的-0.976V，可见随着浸泡时间的延长混菌体系中金属腐蚀倾向增大。为进一步分析金属在不同环境中腐蚀状态的变化，对相应极化曲线的弱极化区进行拟合，所得相关参数列于表 8-3。5d 时，45 钢在混菌体系中的腐蚀电流密度为 4.19μA 明显小于两种单菌体系，这与失重数据所得结果相一致，在腐蚀初期混菌体系中 45 钢平均腐蚀速率小于单菌体系。随着浸泡时间延长，混菌体系中样品腐蚀电流密度显著增大，说明在实验后期，两种微生物的协同作用逐渐加速了金属腐蚀。

表 8-3 45 钢在不同体系中分别浸泡 5d 和 30d 后的极化曲线分析

挂样体系	5d				30d			
	I_{corr} /μA · cm^{-2}	β_a /mV	β_b /mV	R^2	I_{corr} /μA · cm^{-2}	β_a /mV	β_b /mV	R^2
弧菌海水	6.69	44.8	49.8	0.9974	30.31	109.22	33.4	0.9996
铁细菌海水	10.48	60.22	62.85	0.9997	18.07	74.29	177.85	0.9955
混菌海水	4.19	54.63	59.46	0.9960	11.34	89.16	85.68	0.9990

注：I_{corr}—腐蚀电流密度；β_a—阳极塔菲尔斜率；β_b—阴极塔菲尔斜率；R^2—决定系数。

8.4.7 腐蚀机理

实验结果表明，腐蚀初期，两种微生物的存在对材料产生缓蚀作用，浸泡

7d 时，混菌环境下金属平均腐蚀速率明显低于单菌环境，分别为弧菌和铁细菌单菌环境下的 13.6%、20.3%。这是因为铁细菌在代谢过程中需消耗氧气。同时，兼性厌氧菌弧菌，在氧浓度高时可进行呼吸型代谢，是消耗氧气的代谢方式，而在氧浓度低时可进行发酵型代谢，是无需消耗氧的代谢方式。在挂样初期，溶液中氧含量较高，此时弧菌的代谢方式为呼吸型代谢，可快速降低溶液中氧含量。经测定，浸泡 3d 后，混菌体系中溶解氧的含量约 1.55mg/L，仅为无菌环境下的 25.0%。氧气的大量消耗，减缓了 45 钢的阴极过程，一定程度上阻碍了碳钢的腐蚀。但弧菌单菌环境下缓蚀作用并不明显，这是由于弧菌是一种产酸菌，其代谢产物具有腐蚀性，恶化金属的腐蚀环境，加快金属腐蚀速率。弧菌能显著降低附着区域局部 pH 值，影响材料局部腐蚀。而混菌环境下，铁细菌在代谢过程中通过将二价铁离子转化为 Fe^{3+} 获取能量，并形成 $Fe(OH)_3$ 沉积于金属表面，氢氧化铁与酸反应，降低了 H^+ 浓度，减少了弧菌的影响，控制了金属的腐蚀。

随腐蚀时间延长，45 钢表面逐渐形成较为完整的微生物—腐蚀产物复合膜并阻碍了传质过程，从而减缓了 45 钢的腐蚀，15d 时有菌体系试样平均腐蚀速率均小于无菌体系。混菌体系中，两种微生物的存在消耗了大量氧气，低的氧浓度为铁细菌创造良好的生存条件，7d 后混菌环境下试样锈层中铁细菌数逐渐增大，并高出相同浸泡时间单菌环境锈层中铁细菌数一个数量级。由于铁细菌的大量存在通过代谢产生氢氧化铁呈淤泥状沉积于金属表面，一定程度上阻隔了侵蚀性离子的腐蚀。由 EIS 分析分析可见，15d 混菌体系中总阻抗值（$R_p + R_{ct}$）达到最大。

实验后期，混菌体系中弧菌代谢所产生的酸性物质由于受到金属表面附着的生物膜的阻碍，延缓了膜内 H^+ 扩散速度，使其与周围形成 H^+ 浓度差，促进了局部浓差腐蚀。此外，铁细菌新陈代谢所形成的 $Fe(OH)_3$ 与微生物分泌的胞外聚合物黏结，最终形成不规则的瘤状沉淀，覆盖于金属表面。锈瘤成为氧扩散壁垒，瘤下的金属表面为贫氧阳极区，瘤外其余金属表面为富氧阴极区形成氧浓差电池，造成局部腐蚀。局部腐蚀一旦形成后遵循自催化机制，形成深而不规则的腐蚀孔洞（如图 8-4（c）所示腐蚀形貌）。同时，微生物膜内包裹的球状腐蚀产物大量堆积，因内应力作用相互排挤，使微生物膜层结构出现裂纹，腐蚀产物膜缝隙处容易形成氧浓度差，增大了腐蚀倾向。在电化学行为上表现为在混菌环境下自腐蚀电位 21d 后逐渐负移，同时 EIS 结果表明总阻抗值相应减小，腐蚀倾向增大。综合上述分析可知，随浸泡时间延长混菌体系中金属腐蚀速率逐渐增大，两种微生物的协同作用加大了金属的腐蚀倾向。

综上，铁细菌和弧菌协同作用对 45 钢腐蚀行为的影响如下：

（1）弧菌铁细菌混菌在腐蚀初期可对 45 钢产生缓蚀作用，随着浸泡时间延长两种微生物的协同作用促进金属的腐蚀。浸泡时间分别为 7d、30d 时，弧菌和铁细菌混菌的环境中 45 钢的腐蚀速率分别为无菌环境下的 13.6% 以及 133.8%。

（2）弧菌铁细菌混菌环境中，腐蚀初期氧气的大量消耗为铁细菌创造了良好的生存环境，7d 混菌体系锈层中铁细菌数较单菌体系高 1 个数量级。

（3）腐蚀初期铁细菌和弧菌的协同作用时能提高 45 钢的自腐蚀电位，混菌的存在抑制了金属的腐蚀，浸泡 21d 后自腐蚀电位发生负移腐蚀倾向增大。电化学阻抗谱分析结果表明，1~15d 时生物膜-腐蚀产物复合膜层电容 Q_p 值上升，表明生物膜在金属表面形成起到阻挡作用，随后，由于复合膜层产生破裂等局部缺陷所引起的，Q_p 值逐渐减小。同时 30d 时混菌体系总阻抗值相对 15d 减小，并小于相同浸泡天数单菌体系，说明随浸泡时间延长混菌的存在加速了 45 钢的腐蚀。

（4）显微观察结果表明，铁细菌和弧菌混菌体系中，浸泡 30d 后的试样表面形成沉积了 $Fe(OH)_3$ 与微生物分泌的胞外聚合物黏结形成的不规则的瘤状沉淀，腐蚀产物膜存在明显裂纹且出现了较为严重的点蚀现象。

9 海水中假单胞菌对纳米二氧化硅改性聚硅氧烷树脂涂层分解作用以及腐蚀进程的影响

添加纳米二氧化硅填料能够有效改善聚硅氧烷树脂涂层的与水的接触角，涂层防污性能提高就能更好地起到保护金属基体的作用。然而在自然海水中存在着大量的假单胞菌，假单胞菌可以通过分解有机物来获得能量。本章利用电化学分析以及其他现代分析手段研究纳米二氧化硅改性聚硅氧烷树脂涂层在无菌海水，以及假单胞菌海水溶液中浸泡后涂层的分解情况以及腐蚀的进程。

9.1 试验材料和试样

通过线切割的方式，将 45 钢加工成尺寸为 $\phi40mm\times5mm$ 的圆柱状电化学试样和 10mm×10mm×3mm 的长方体小块表面形貌以及红外光谱测试所用的试验样品。将试样浸泡在无水乙醇中已达到去除试样表面油污的作用；由于所用试样均为粗加工所得所以我们分别使用 120 号、400 号、800 号、1200 号、1500 号金相砂纸依次逐级对金属试样表面进行打磨，直到试样表面十分光滑为止；在打磨完成后，由于打磨过程中对试样表面产生了一定的污染所以再次利用无水乙醇除以达到去除油脂和水的目的。

利用焊锡在电化学试样的背面焊接上一根铜线，以便于电化学测试的进行，铜线焊接牢固之后利用塑料圆管和环氧树脂将钢样封装在一个绝缘的环境中，铜线和工作面露在外面。封装好试样后，利用喷涂的方法将配置好的纳米二氧化硅改性聚硅氧烷树脂涂层均匀的喷涂在 45 钢试样工作面上。喷涂控制涂层的厚度在（90±5）μm，喷涂好的试样放在平整的位置上室温下干燥 7d。在表面形貌以及红外光谱测试所用的试验样品工作面上采取与电化学式样一样的涂装方法。

9.2 微生物来源和培养

本实验所用目标微生物假单胞菌是从浸泡在南海海水中的 45 钢腐蚀产物中分离提纯而得，通过分离提纯后的单一菌种就可以用作以后试验中所要用到的菌种，将所得菌种放在冰箱中进行冷藏保存以便于日后的使用。

每种细菌所用的培养基成分有所不同，我们试验中所用到的假单胞菌所使用的培养基是 2216E 培养基（蛋白胨，5g/L；酵母胨，1g/L；pH 值，7.8）用电子天平称量好配置培养基所用的试剂，将称量好的试剂倒入自然海水中，用玻璃棒搅拌均匀后用 pH 值计测量溶液的 pH 值，使用氢氧化钠和盐酸调节溶液的 pH 值直到达到 7.8 为止。将配置好的培养基分装之后分别置于立式压力蒸汽灭菌锅内，培养基在 121℃ 的高温高压条件下持续进行灭菌 20min。

所有假单胞菌研究体系都是从菌源中吸取菌液以 1∶100 的比例将菌液接种到灭菌海水中，接种后的烧杯置于 26℃ 恒温光照培养箱中培养 24h 后，将事先涂装干燥好的，经过环氧树脂封装的研究样品分别浸泡在无菌海水溶液和假单胞菌海水溶液中，每组样品均需要做三个平行实验组，以此来保证实验数据的准确性，避免出现大的误差。定期对样品性能进行测试，无菌海水以及假单胞菌海水溶液以 15d 为周期定期更换，以保证细菌所需的营养物质。

9.3 测试及分析方法

9.3.1 电化学测试

电化学测试用来跟踪样品在假单胞菌和无菌环境下的腐蚀进程，本实验所用的电化学测试仪器为美国 Princeton Applied Research 公司 PAR2273 电化学工作站。

测试频率为 $10^5 \sim 10^{-2}$ Hz，正弦波信号的振幅为 20MV。测试采用经典的三电极系统，以铂片为辅助电极，饱和甘汞电极为参比电极，以带涂层的基体金属作为研究电极，测试溶液为无菌海水和假单胞菌海水溶液，测试各样品不同浸泡时间的阻抗谱，阻抗数据经计算机采集后，用 Zsimp Win 处理软件对实验数据进行拟合处理。试样的测试面积均为 13cm^2。

9.3.2 涂层形貌测试

对完整未浸泡的涂层表面和分别在无菌海水溶液以及假单胞菌海水溶液中浸泡 30d 后的涂层表面分别作扫描电子显微镜测试，运用 FEI 公司 XL30 环境扫描电子显微镜，通过对没有浸泡涂层电镜照片与两种介质中浸泡过后的涂层电镜照片的对比，来分析假单胞菌单一菌种对涂层的分解作用和腐蚀进程的影响。

9.3.3 红外光谱分析

为了更好地证明假单胞菌对涂层性能的影响，要得到在假单胞菌的作用下涂层分子结构的变化，本实验选取在涂层有机结构分析中普遍使用的傅里叶变换衰减全反射红外光谱（ATR-FTIR），运用 Perkin Elmer 公司 Spectrum 400 傅里叶变换红外光谱仪，通过样品表面的反射信号获得样品涂层经过不同介质浸泡相同时间后有机成分的变化情况，通过红外数据的对比就可以对假单胞菌的作用方式进行进一步的分析。衰减全反射红外技术是最实用的涂层分析方法，它不仅能够对涂层表面结构进行分析还能确定涂层表面的有机污染等物质。傅里叶转换红外光谱的衰减少，所以其所得图谱更加清晰，数据更加准确。

9.4 海水中假单胞菌对纳米二氧化硅改性聚硅氧烷树脂涂层分解作用以及腐蚀进程的影响

9.4.1 电化学阻抗谱

如图 9-1（a）、（b）所示为二氧化硅改性聚硅氧烷树脂涂层的能斯特图谱，

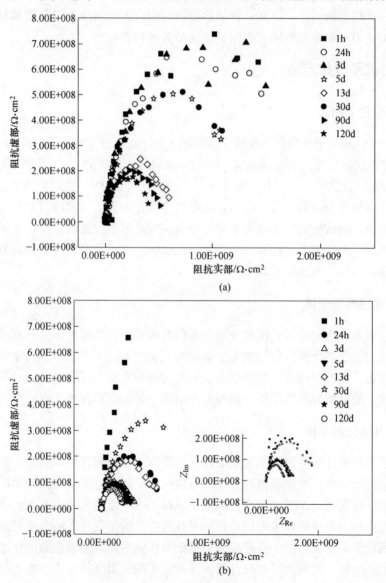

(a)

(b)

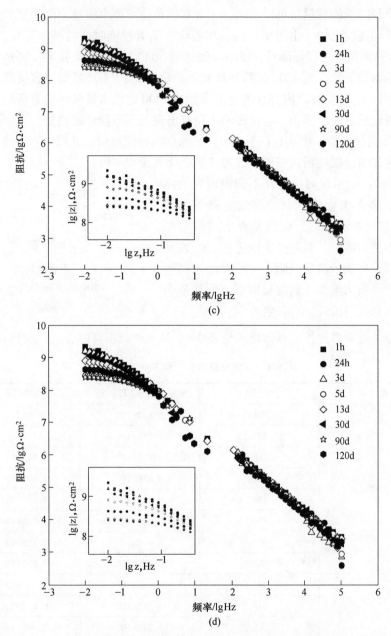

图 9-1　二氧化硅改性涂层在无菌海水（a，c）和假单胞菌海水溶液（b，d）
中的能斯特图和波特图

从图中看出，随着浸泡时间的变化，涂层能斯特图谱中阻抗弧的半径也随之逐渐
变化。对比图 9-1（a）、（b）发现，阻抗弧的半径在浸泡时间为 1h 时其值最大，
当浸泡时间延长到 24h 时，容抗弧的半径开始出现降低的现象，并且对比两图中

容抗弧半径降低的数量级可以看出，在含有假单胞菌海水溶液中的涂层容抗弧的半径降低的速度更快。由图9-1（a）中看出，随着浸泡时间的继续延长，在3~13d涂层容抗弧半径逐渐降低，浸泡时间达到30d时涂层容抗弧半径突然有所增加，随后继续下降，在120d时降到最低值。由图9-1（b）可知，容抗弧半径从浸泡初期开始直到5d之内都在迅速下降，13~30d之内容抗弧半径有所增加，随着浸泡时间的进一步延长，容抗弧的半径有出现了逐渐降低的趋势，直到浸泡到120d时降到最低值。图9-1（c）、（d）是涂层波特阻抗值，从图中看出涂层阻抗的变化规律与涂层能斯特图谱中的容抗弧变化规律相一致。

如图9-2所示是对涂层在不同浸泡时期能斯特图谱进行拟合所得到的等效电路图的结果。R_s表示溶液电阻，也就是海水或假单胞菌海水溶液的电阻，其是一个固定值；C_c表示涂层电容，R_c表示涂层电阻。尽管浸泡时间逐渐延长，介质逐渐渗透到涂层内部，但是整个体系的拟合电路图并没有发生改变。

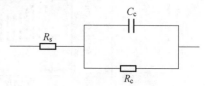

图 9-2　拟合电路图
R_s—溶液电阻；C_c—涂层电容；
R_c—涂层电阻

拟合电路中各元件的具体数值见表9-1。从表中数据可以看出，涂层阻抗在

表 9-1　等效电路中各元件参数拟合值

挂样体系	时　间	涂层电阻 $R_c/\Omega \cdot cm^2$	涂层电容 C_c/F
无菌海水	1h	5.814×10^9	7.328×10^{-11}
	24h	5.159×10^9	6.788×10^{-11}
	3d	3.639×10^9	7.347×10^{-11}
	5d	8.678×10^8	2.012×10^{-10}
	13d	9.355×10^8	8.567×10^{-10}
	30d	2.345×10^9	2.379×10^{-10}
	90d	6.913×10^8	8.512×10^{-10}
	120d	5.877×10^8	8.801×10^{-10}
假单胞菌海水	1h	6.658×10^9	7.001×10^{-11}
	24h	3.303×10^9	6.837×10^{-11}
	3d	3.247×10^9	7.986×10^{-11}
	5d	3.353×10^9	1.191×10^{-10}
	13d	3.664×10^9	9.855×10^{-9}
	30d	3.998×10^8	9.517×10^{-9}
	90d	6.779×10^8	9.002×10^{-11}
	120d	6.999×10^8	1.155×10^{-10}

两种浸泡介质中的数值均出现逐渐降低的趋势，浸泡在假单胞菌海水溶液中的涂层的阻抗值，在最初浸泡的 5d 之内比在无菌海水溶液中的涂层阻抗之下降得快。涂层电容与涂层中渗透进入水的量有关，随着浸泡时间的延长，涂层电容出现逐渐增加的趋势。但是无论是涂层电容还是电阻其变化值都并不大。

9.4.2　扫描电镜分析

分别对未浸泡的样品（见图 9-3（a））、无菌海水溶液浸泡 30d（见图 9-3（b））以及假单胞菌海水溶液浸泡 30d（见图 9-3（c））的样品表面形貌进行观察，从图中可以看出未经过浸泡的涂层表面缺陷很少，涂层表面没有明显的孔洞等现象。而经过两种介质的浸泡涂层电镜照片显示，在两种溶液中浸泡的样品的表面均出现少许孔洞，涂层的完整性被破坏，涂层表面出现缺陷。

(a)

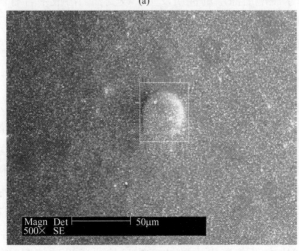

(b)

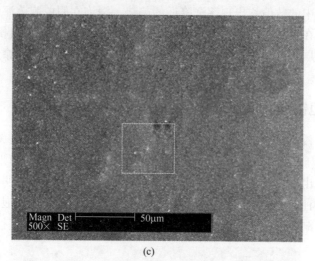

图9-3   未浸泡（a）、无菌海水浸泡30d（b）和假单胞菌
海水溶液浸泡30d（c）涂层扫描电镜图

9.4.3　红外光谱结果

利用傅里叶红外光谱分析涂层的结构变化，进一步了解假单胞菌对涂层性能的影响。由图中看出，在 $550\sim1700cm^{-1}$ 波段指纹区处，红外光谱吸收峰变化不大。由图可见，在 $2900\sim2960cm^{-1}$ 处出现一个较强的红外吸收峰，该波段代表—C—H键伸缩振动，从图中可以看出，与没有浸泡过的样品相比在无菌海水中和假单胞菌海水溶液中浸泡过的样品的—C—H键伸缩振动峰强有所减弱，并且在假单胞菌海水溶液中浸泡的样品减弱的比例比无菌海水溶液中的样品明显。这说明涂层经过海水浸泡后涂层的性质发生了改变，当溶液中含有假单胞菌时，有机涂层的—C—H键被破坏的要比在无菌海水中的严重，所以导致在对红外光谱进行吸收时，被假单胞菌浸泡的涂层所吸收的红外光更少。

9.4.4　分解及腐蚀机制

纳米二氧化硅具有亲水性，所以添加了纳米二氧化硅会对涂层的性能有一定的影响，研究添加了纳米二氧化硅的涂层在假单胞菌影响下的性能变化有重要的意义。

为了表征假单胞菌对涂层分解作用与腐蚀进程的影响，分别利用电化学交流阻抗谱、扫描电镜以及红外光谱仪对涂层浸泡前和不同介质中浸泡后的性能进行分析，见图9-4。从电化学结果中看出，假单胞菌对涂层的影响在浸泡前5d之内效果比较明显，浸泡在假单胞菌海水溶液中的涂层的容抗弧半径，在浸泡前5d内降低的速度比在无菌海水中的速度明显快，通过波特阻抗图也可以看出，

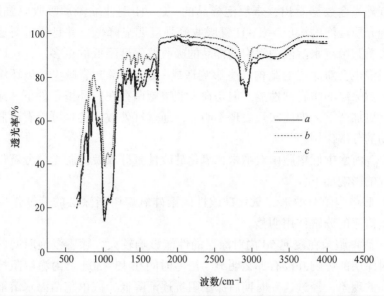

图 9-4　未浸泡（a）、无菌海水浸泡 30d（b）和假单胞菌海水溶液
浸泡 30d（c）涂层红外光谱图

其电阻值下降的速度在前期比较快。这说明在浸泡初期，假单胞菌对涂层防腐蚀性能的影响比较大，这是因为从假单胞菌生长曲线图也可以看出，在假单胞菌接种前 5d 假单胞菌的数量处在一个不断增加的阶段，在这一时期的假单胞菌数量多，菌体活跃，所以这一时期假单胞菌对涂层的分解作用比较剧烈。随着浸泡时间的延长，渗透进入涂层内部的介质以及菌体把涂层表面的各种孔洞和缺陷堵住，所以在这段时期内涂层的阻抗出现增加的现象，这一时期涂层对基体的防护性能反而提高。但是随着浸泡时间的进一步延长，暂时形成一定屏蔽作用的菌膜开始脱落，各种缺陷暴露在电解质溶液中，介质不断通过涂层表明的各种缺陷逐渐渗透到涂层与金属基体表面，涂层的阻抗又出现了逐渐降低的现象。但是由于掺杂了纳米二氧化硅的聚硅氧烷树脂涂层是一种高表面能防污涂料，所以假单胞菌很难在涂层表面上发生大面积的附着，与无菌海水相比假单胞菌对涂层性能的影响很轻微。

从扫描电镜结果可以看出，涂层表面形貌在浸泡前后出现略微的差异，涂层在没有浸泡时完整性比较好，涂层表面没有明显的缺陷。但是经过 30d 的浸泡之后，无论是在假单胞菌海水溶液中浸泡的样品还是在无菌海水溶液中浸泡的样品，都在涂层表面发现了一些微小的孔洞，这些涂层表面的缺陷导致介质对涂层的渗透速度更快。从假单胞菌海水溶液浸泡的样品和无菌海水溶液浸泡的样品的扫面电镜照片可以看出，假单胞菌溶液中浸泡的样品的表面孔洞比无菌海水溶液中浸泡样品的孔洞稍多，说明假单胞菌对涂层有一定的分解作用。

从红外光谱数据看出，未浸泡样品的—C—H 键伸缩振动吸收峰强度最大，经过两种介质浸泡的涂层—C—H 键吸收峰强度明显降低，并且通过对比可以看出，在假单胞菌海水溶液中浸泡的样品的吸收峰强度降低的更多。这说明虽然无菌海水浸泡也会对涂层的结构产生影响造成—C—H 键断裂减少，破坏涂层的完整性，影响涂层的防腐蚀性能。但是在有假单胞菌存在的环境条件下，涂层被破坏的程度更加严重，即使宏观表现不明显，通过红外数据还是可以看出假单胞菌对有机物的分解作用。

综上，海水中假单胞菌对纳米二氧化硅改性聚硅氧烷树脂涂层分解作用以及腐蚀进程的影响如下：

（1）假单胞菌对纳米二氧化硅改性的聚硅氧烷树脂涂层的分解作用比聚硅氧烷树脂清漆的分解作用明显。

（2）假单胞菌在浸泡 5d 内对涂层的性能影响较大，随着浸泡时间的延长假单胞菌对涂层的影响并没有那么明显。浸泡时间在 13~30d 之内涂层阻抗反倒出现了增加的现象，经过这一时期后涂层阻抗逐渐降低，假单胞菌海水溶液与无菌海水溶液中的趋势相似。

（3）扫描电镜照片表明，经过两种介质浸泡 30d 后的涂层表面都分别出现了一些孔洞，但是与没有浸泡的涂层相比涂层破坏现象并不十分严重，涂层表面只是出现了少许微观缺陷。根据在假单胞菌海水溶液和无菌海水溶液中的对比图可以看出，在含有假单胞菌的溶液中涂层表面的小洞比无菌海水溶液中的多，说明假单胞菌对涂层的破坏作用更大。

（4）从红外光谱图看出，在含有假单胞菌的海水溶液中浸泡的涂层的—C—H 键伸缩振动峰降低的比无菌海水溶液中的涂层降低的多，并且它们的峰值都低于未浸泡的涂层。这说明海水浸泡能够破坏涂层结构中的—C—H 键，而假单胞菌对这种破坏行为起到一种促进的作用。

10 假单胞菌对环氧树脂清漆涂层的分解作用及腐蚀进程的影响

假单胞菌广泛存在于海水中，也是生产生活中最容易接触的菌种之一，多项实验研究证明，其有极强的分解有机物的能力。其中铜绿假单胞菌引起的微生物腐蚀会使促进碳钢腐蚀，使 2707 超双相不锈钢的腐蚀速率增加，引起 2205 含铜双相不锈钢点蚀。而且洋葱假单胞菌和铜绿假单胞菌能够降解包括柔性聚氨酯、正烷烃、聚丙烯等 90 多种有机材料。本实验所用的假单胞菌是直接从海水中分离提纯得到的，经过 16S rDNA 测序，以及多种理化实验证明，分离得到的假单胞菌为恶臭假单胞菌菌种，是一种具有动力的短杆菌，能够分泌氧化酶和过氧化氢酶和尿素酶，能够促进金属腐蚀。本章将其用来研究微生物对环氧树脂清漆涂层的降解作用，具有可行性。

10.1 试验材料和试样

本实验将 45 钢加工成 ϕ40mm×5mm 和 18mm×18mm×2mm 两种，前者用来制作 EIS 测试样品电极，后者用作其他测试。为了保证基底与涂层良好结合，将钢片试样用 400 号、600 号砂纸打磨平滑，然后用丙酮脱脂以除去碳钢表面的油污，在室温下干燥备用。然后将导线焊接在 ϕ40mm×5mm 原片状碳钢一面，并用环氧树脂和白色塑料圆管将碳钢原片周边和焊接面进行封装，另一面作为涂层喷涂工作面，18mm×18mm×2mm 的钢片也采用环氧树脂将周边和一面封装，保留洁净的一面作为喷涂工作面。待试样封装好后，配制环氧树脂清漆涂料，环氧树脂清漆涂层的配料比为环氧树脂涂料的质量配比为环氧树脂 60，混合溶剂 37，流平剂 3，固化剂 37。这些组分高速分散，形成无色透明涂料溶胶液。采用喷涂的方法将环氧树脂清漆喷涂在样品表面，控制喷涂流量和喷涂时间，以保证干燥后的涂层厚度为（70±2）μm。将喷涂好的样品放置在室温条件下干燥 7d。

10.2 微生物的分离和鉴定

本实验所用的细菌是从取自南海假日海滩天然海水中分离得到的，并利用 2216E 广谱培养基进行扩大培养，进一步分离提纯鉴定。将分离提纯后的单一菌落进行 16S rDNA 基因序列分析测定方法菌种分析鉴定，并对实验得到的基因序列与 GenBank 数据库中的序列进行对比分析，通过 MEGA 5.0 软件和邻接算法进行系统发育和分子进化分析，建立进化树。最后得到单一的假单胞菌菌种，储存在冰箱中冷藏备用。

10.3 浸泡溶液的制备

菌种的扩大培养采用广谱 2116E 培养基，其成分为蛋白胨，5g/L；酵母胨，1g/L；pH 值7.8，溶解液为天然海水。用电子天平称量配制所用的试剂，并溶解于自然海水中，玻璃棒搅拌均匀后，用笔试 pH 值计测量溶液 pH 值，并采用浓 NaOH 溶液和 HCl 溶液将培养基 pH 值调节至 7.8。将培养基分装，并且用高压灭菌锅在 121℃灭菌 40min，然后取出在超净台紫外灯无菌照射下冷却至室温。取活化后的菌种，用接种环分别接种在培养基中，放置在摇床中培养 24h 后，取菌液以 1：100 的比例接种在事先高压灭菌好的无菌海水中，并置于 26℃恒温光照培养箱中培养 24h。将得到的假单胞菌海水菌液、无菌海水，两种海水溶液作为实验浸泡液。为了避免误差，保证海水菌液中菌体的活性和浓度，无菌海水和假单胞菌海水菌液以 15d 为一次更换周期。

10.4 测试及分析方法

10.4.1 电化学测试

电化学阻抗谱的测试采用美国 Princeton Applied Research PAR 2273 电化学工作站三电极测试系统，测试软件为 Power Suite，测试频率为 $10^5 \sim 10^{-2}$ Hz，20mV 正弦波扰动电压信号。铂片电极为辅助电极，饱和氯化钾甘汞电极为参比电极，测试样品为工作电极。测试溶液为假单胞菌海水溶液和无菌海水溶液。将电极式圆柱试样浸泡到溶液中，选取不同的浸泡时间段，进行电化学阻抗谱测试。为了保证实验严谨性，两种溶液体系每个时间段各浸泡 3 个平行试样。浸泡时间为 1h、12h、24h、36h、48h、3d、5d、9d…，一直到基体出现严重腐蚀现象，涂层透水性严重下降，测试曲线出现明显变化时，电化学阻抗谱 EIS 测试结束，并且将能斯特图拟合。从涂层阻抗的变化规律以及各等效元件的数值变化规律分析涂层各性能指标的变化，分析假单胞菌对环氧树脂清漆涂层的影响。

10.4.2 涂层基底腐蚀状态观察

由于环氧树脂清漆涂层是一种透明性良好的清漆涂层，因此可以直接在宏观条件下观察到基底的腐蚀特征，并将 0d、25d、45d 时的宏观腐蚀形貌进行拍照记录。从基底的腐蚀程度可以间接的判断涂层在两种海水溶液中的透水性变化。为假单胞菌对涂层的降解作用提供辅助证据。

10.4.3 偏光显微镜检测

偏光显微镜（Nikon Eclipse E600）由于其独特的特性，可以将焦点聚焦在涂层表面和金属基底表面，分析观察同一位置处，细菌分布状态与基底腐蚀状况的关系。放大到 1000 倍后偏振光可以清晰的观察到涂层表面细菌的分布情况，调整焦距后也可以清晰的观察到同一位置处基底的腐蚀情况。

10.4.4 涂层微观形貌观察

采用 Philips 公司的 FEI XL30 扫描电子显微镜，对原样品以及在无菌海水和假单胞菌海水溶液浸泡 30d 后的涂层表面分别做 SEM 测试，通过对比浸泡前后涂层微观形貌变化，分析细菌对涂层的分解作用和对涂层微观形貌的影响。

10.4.5 接触角测试

采用 XHSCAZ-2 型接触角测量仪，选用无菌海水作为测试溶液，对浸泡 0d、5d、15d、25d、35d、45d 的涂层小样进行接触角测量，分析浸泡过程中细菌降解作用对涂层表面接触角的影响。

10.4.6 红外光谱分析

采用 Bruker IFS55 型傅里叶红外光谱仪，测试范围 $4000 \sim 450 cm^{-1}$，对浸泡前和浸泡 30d 后的涂层样品进行测试。分析细菌降解作用对环氧树脂分子结构的影响。

10.5 假单胞菌对环氧树脂清漆涂层的分解作用及腐蚀进程的影响

10.5.1 细菌鉴定结果分析

细菌菌株最终从南海的天然海水中分离出来，命名为 HD58。分析结果显示，菌株 HD58 与恶臭假单胞菌密切相关。将菌株 HD58 的 16S rDNA 序列记录在 GenBank 数据库中，序列号为 KX268356。

10.5.2 涂层基底腐蚀状态分析

由于环氧树脂清漆涂层是无色透明的，可以直接观察到基底的腐蚀状况，从而间接地确定涂层的透水性变化。如图 10-1 所示，从图中可以看出浸泡 25d 时无菌海水样品出现大量细小的点蚀，而有恶臭假单胞菌溶液海水浸泡样品出现局部腐蚀和大量的点蚀。浸泡第 45d 时两种溶液浸泡体系中的样品腐蚀状况都有加剧的趋势。无菌海水样品腐蚀点增多，恶臭假单胞菌海水样品的腐蚀更加明显，出现大量的点蚀，局部腐蚀更加严重，金属基底整体腐蚀产物颜色加深。这些现象说明，恶臭假单胞菌导致涂层透水速率明显增加，导致海水更容易渗透，基底腐蚀加剧。

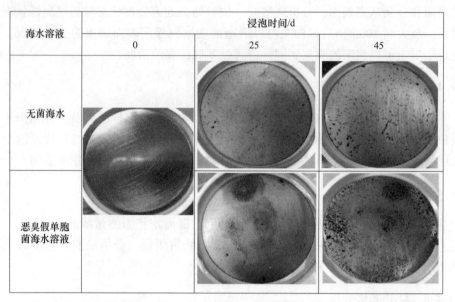

海水溶液	浸泡时间/d		
	0	25	45
无菌海水			
恶臭假单胞菌海水溶液			

图 10-1　样品在无菌海水和恶臭假单胞菌海水溶液中浸泡 0d、25d、45d 时基底腐蚀变化照片

10.5.3　电化学阻抗谱数据分析

三组平行样品在无菌海水和恶臭假单胞菌海水溶液浸泡过程中，经过测试得到电化学阻抗谱数据。三组平行试样测试结果基本类似，说明测试数据具有一定可重复性和可靠性。

涂层在无菌海水中浸泡少于等于 48h 期间得到的能斯特图（见图 10-2（a）、（b）），显示曲线容抗弧大小明显比其他测试时间得到的容抗弧大。其中在浸泡 36h 后，容抗弧半径大小明显减小，最小半径值出现在浸泡第 9d 时（见图 10-2（a）、（b）），然后容抗弧大小又出现递增的趋势（见图 10-2（b）），但是变化范围在较小的区间内。如图 10-3（a）、（b）所示，涂层样品在恶臭假单胞菌海水中浸泡得到的能斯特图，其容抗弧半径在 24~48h 期间逐渐增大。测试过程中曲线明显不稳定，在第 48h 得到的容抗弧半径最大。在继续的浸泡时间内，容抗弧半径又逐渐减小，并且在浸泡第 25d 时达到最小值（见图 10-3（a）、（b））。最重要的是，假单胞菌海水浸泡 48h 到 25d 时间段内，容抗弧半径减小值要明显比无菌海水在同一浸泡时间段内的减小值大。

如图 10-2（c）所示，在无菌海水中浸泡初期，也就是 3d 内，波特相位角图中明显只有一个峰位出现。在浸泡第 6~25d 时间内，波特相位角图中出现两个峰位（见图10-2（c）），这一现象与涂层在无菌海水中的透水现象具有一致性。
而在恶臭假单胞菌海水溶液浸泡第24h到3d时间内，波特相位角图（见图10-3
（c））中也只有一个峰位，在浸泡第6~23d的波特相位角图中有两个峰位，而在
浸泡第25d时却有很明显的第三个峰位出现。这一结果也与假单胞菌海水溶液样
品透水现象具有明显一致性。

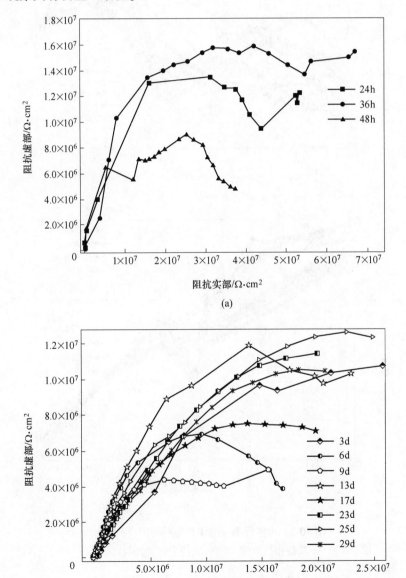

(a)

(b)

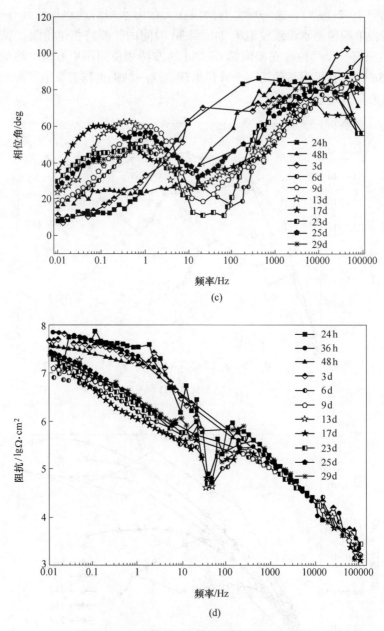

(c)

(d)

图 10-2 无菌海水浸泡体系能斯特图（a，b）、
波特相位角图（c）、波特阻抗谱图（d）

波特阻抗谱图能够直接显示涂层阻抗值变化，如图 10-2（d）所示样品在无菌海水溶液中浸泡并测试得到的波特阻抗谱图所示，当浸泡时间为 36h，涂层有最大的阻抗值。随着浸泡时间的延长，第 9d 时涂层阻抗达到最小值，这一结果

与能斯特图谱结果一致。与之相比，浸泡在恶臭假单胞菌海水溶液并测试得到的波特阻抗谱（见图 10-3（d））显示，涂层的最大和最小阻抗值分别出现在浸泡48h 和 25d 两个时间点。并且在此期间涂层在假单胞菌海水溶液中的阻抗值的减小幅度，要明显比在无菌海水溶液中的减小幅度大得多。

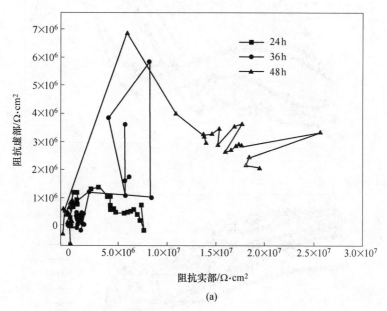

(a)

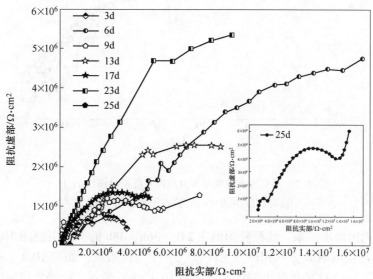

(b)

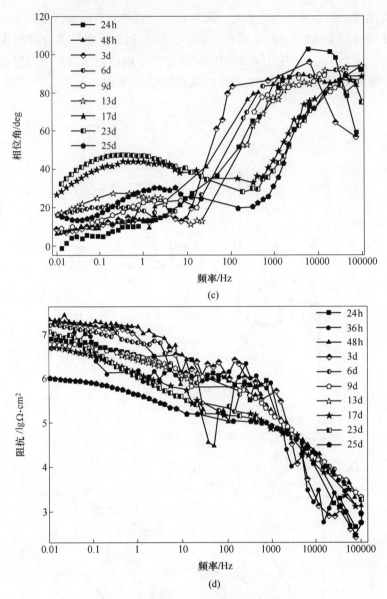

图 10-3 恶臭假单胞菌海水浸泡体系能斯特图（a，b）、
波特相位角图（c）、波特阻抗谱图（d）

对于无菌海水体系，能斯特图谱在 24h、36h、48h 的等效电路图由海水溶液电阻 R_s，涂层电阻 R_{coat} 和相位角元件 Q_{coat} 3 个元件组成，如图 10-4（a）所示。而在浸泡第 6~29d 的等效电路图变成如图 10-4（b）所示，此等效电路图由金属基底和涂层界面处发生电化学反应的双电层电容 C_{dl}，与 C_{dl} 并联的双电层扩散电阻 R_{ct}，以及海水溶液电阻 R_s，涂层电阻 R_{coat} 组成。对于恶臭假单胞菌海水溶液

的能斯特图进行拟合得到的等效电路图，与无菌海水体系的等效电路图明显不同，其变化相对复杂。如图 10-4（c）所示，在 24~36h 期间，其等效电路由溶液电阻 R_s，涂层电阻 R_{coat}，生物膜电容 $C_{biofilm}$ 组成。如图 10-4（d）所示，在 48h 到 3d 期间的等效电路图由生物膜膜层电阻 $R_{biofilm}$，生物膜膜层电容 $C_{biofilm}$，溶液电阻 R_s，涂层电阻 R_{coat}，以及涂层表面电容 C_{coat} 组成。恶臭假单胞菌海水溶液浸泡第 6d 时，等效电路图又发生了变化，说明原来简单的电路图已经不能满足体系的电化学结构，第 6~23d 期间的等效电路图如图 10-4（e）所示，电路结构的元件中包含 C_{coat}、$R_{biofilm}$，与生物膜相关联的相位角元件 $Q_{biofilm}$，以及扩散电阻 W，在电化学反应等效电路中，这是一个较为复杂的电路，与同一时间段的无菌海水等效电路相比，更能说明细菌生物膜在整个体系结构中起到了明显作

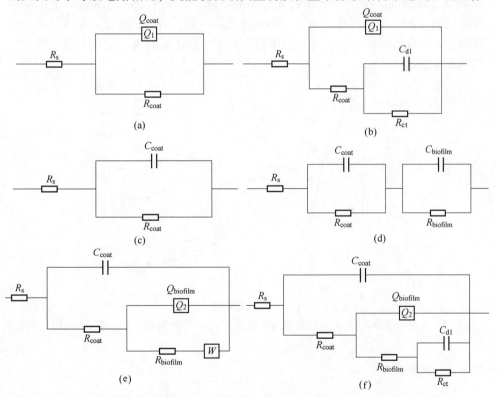

图 10-4　EIS 数据拟合得到等效电路图

（a）无菌海水中浸泡 24h、36h、48h 和 3d；（b）无菌海水中浸泡 6~29d；（c）假单胞菌海水中浸泡 24h、36h；（d）假单胞菌海水中浸泡 48h 和 3d；（e）假单胞菌海水中浸泡 6~23d；（f）假单胞菌海水中浸泡 25d

R_s—海水溶液电阻；R_{coat}—涂层电阻；Q_{coat}—涂层相位角元件；

C_{d1}—涂层基底界面处双电层电容；R_{ct}—与 C_{d1} 并联的双电层扩散电阻；

C_{coat}—涂层电容；$R_{biofilm}$—生物膜膜层电阻；$C_{biofilm}$—生物膜膜层电容；

$Q_{biofilm}$—生物膜膜层相关的相位角元件；W—扩散电阻

用。然而在浸泡第25d时此等效电路再一次发生了改变，电路结构中 W 元件转换为 C_{dl} 和 R_{ct} 两个并联的元件，说明整体结构中出现了更为严重的双电层扩散现象，扩散电阻变小，溶液粒子扩散更为容易。所有的等效电路模型都与波特相位角曲线以及涂层透水现象一致。

无菌海水浸泡体系中涂层等效电阻的分析如图10-5曲线 b 所示，在无菌海水24h、36h、48h 和第3d 浸泡期间，涂层等效电阻 R_{coat} 的数值一直保持在较高的水平，浸泡第3d 以后 R_{coat} 的数值迅速减小，并且在第6d 到第29d 期间保持一个波动的状态，整体数值没有下降。恶臭假单胞菌海水溶液浸泡体系中涂层等效电阻 R_{coat} 的阻值变化如图10-5曲线 a 所示，在 24h、36h、48h 时间内涂层等效电阻数值较大，与同一时间无菌海水中的涂层等效电阻大小相差不大。但是浸泡第3d 到第25d 期间，涂层等效电阻 R_{coat} 不断下降，直到第25d 达到最小值。这一实验结果与 EIS 图谱容抗弧半径大小变化结果一致，并且从等效电阻 R_{coat} 在48h 到第25d 的数值差值分析，恶臭假单胞菌海水溶液体系的 R_{coat} 变化差值明显大于无菌海水浸泡体系。

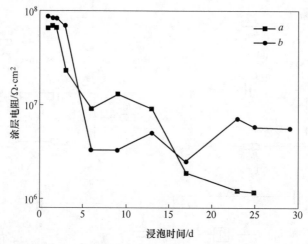

图 10-5   无菌海水体系（b）和假单胞菌海水体系（a）中涂层电阻 R_{coat} 随浸泡时间变化图

10.5.4 接触角分析

如图 10-6 所示，经过 30d 的浸泡，在恶臭假单胞菌海水溶液中浸泡后涂层的接触角明显小于在无菌海水中浸泡后涂层的接触角，但是当把前者涂层表面菌膜擦除干净以后，涂层的接触角大小与在无菌海水中浸泡后涂层的接触角在同一浸泡时间点相差不大。说明细菌生物膜能够明显地影响到涂层表面接触角。这种影响会直接改变涂层表面与溶液体系的接触关系，影响到腐蚀性粒子的扩散路径。结合电化学数据分析结果，可以推断生物膜对涂层接触角的影响，加快了涂层的透水速率。

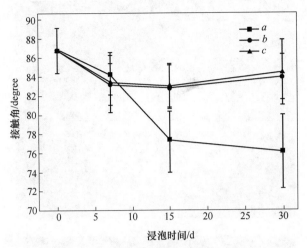

图 10-6　接触角数值随着浸泡时间变化

a—在假单胞菌海水中浸泡后涂层的接触角；*b*—在无菌海水中浸泡后涂层的接触角；

c—清除（*a*）涂层表面菌膜后的接触角

10.5.5　偏光显微镜观察分析

将偏光显微镜聚焦于涂层表面和同一垂直位置处基底表面拍摄照片，可以看出无菌海水浸泡 30d 后，涂层表面仍然光滑（见图 10-7（a）），只是附着有少量杂质，同一垂直位置处基底腐蚀现象不明显，在砂纸打磨的沟壑处有少量的腐蚀现象图（见图 10-7（c））。在假单胞菌海水浸泡 30d 后，涂层表面附着了大量的细菌，形成菌膜，并且出现了少量的孔洞（见图 10-7（b）），这是假单胞菌降解

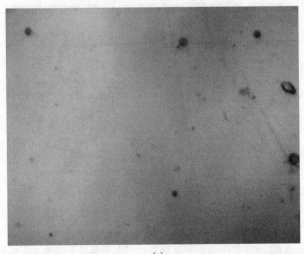

(a)

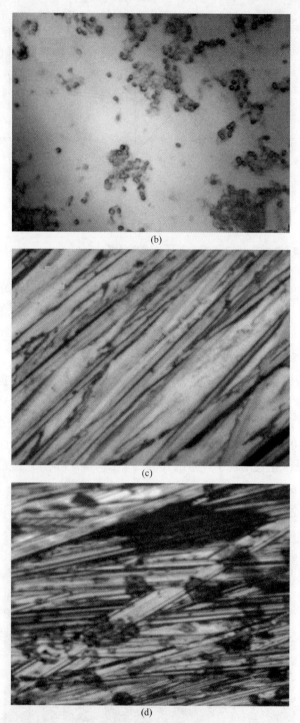

(b)

(c)

(d)

图 10-7　偏光显微镜在 1000 倍下观察环氧树脂涂层在无菌海水浸泡 30d 后涂层表面（a）和
　　基底腐蚀状况（c），在假单胞菌海水溶液浸泡 30d 后涂层表面（b）和基底腐蚀状况（d）

破坏的结果，同一垂直位置处，基底腐蚀现象明显，出现了大量的点蚀和局部腐蚀，并且在细菌附着集中的地方，基底的腐蚀更加严重（见图10-7（d））。说明涂层局部透水严重，导致海水渗透到基底表面，加速了基底的腐蚀。这一现象说明，在细菌集中附着的位置，涂层被降解破坏。以上结果与宏观观察及电化学数据互相印证。

10.5.6　扫描电镜分析

针对浸泡前的涂层原样品进行扫描电镜观察，如图10-8（a）、（b）所示，

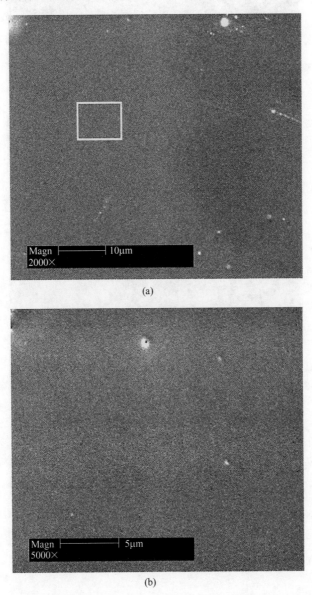

(a)

(b)

(c)

(d)

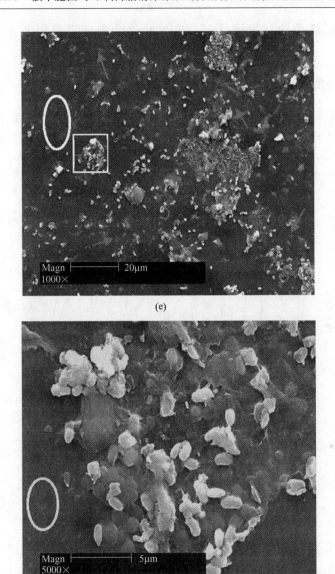

图 10-8 扫描电镜观察分析图

(a)，(b) 浸泡之前；(c)，(d) 无菌海水浸泡 30d；(e)，(f) 恶臭假单胞菌海水浸泡 30d

原样品表面光滑，有少量凸起和孔洞。在无菌海水中浸泡 30d 后，如图 10-8 (c)、(d) 所示涂层表面附着了许多杂质和盐的结晶粒，从裸露的部分观察涂层表面仍然展现出光滑完好的状态，并没有明显的破坏痕迹。样品在恶臭假单胞菌海水溶液中浸泡 30d 后，如图 10-8 (e)、(f) 所示涂层表面附着了一层生物膜，并且出现了大量的粉化痕迹和孔洞。这些现象说明恶臭假单胞菌对涂层有分解作用，而且破坏了涂层表面状态。这与电化学测试结果以及透水腐蚀现象一致。

10.5.7 红外光谱分析

恶臭假单胞菌的降解作用能否改变环氧树脂涂层分子结构，针对未浸泡样品以及在两种海水溶液中浸泡 30d 的样品进行红外光谱检测。检测是设置波长范围为 $450 \sim 4000 \text{cm}^{-1}$，如图 10-9 所示。检测之前已经将菌膜擦除干净，所以检测结果不会受到菌膜的影响。

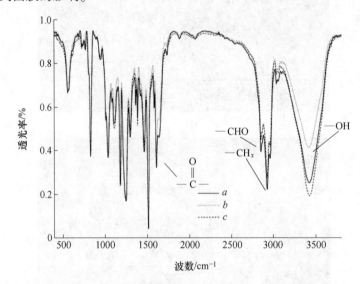

图 10-9 红外光谱分析图

(涂层在进行检测前已经将涂层表面附着的杂质及生物膜清除)

a—未浸泡原样品；b—恶臭假单胞菌海水浸泡 30d 后；c—无菌海水浸泡 30d 后

在 $3415 \sim 3425 \text{cm}^{-1}$ 处的较强吸收带可以归属于 C—OH 键。在 $2900 \sim 2960 \text{cm}^{-1}$ 处的吸收带可以归因于—CH_x 的不对称伸缩振动。$550 \sim 1700 \text{cm}^{-1}$ 波长区间属于指纹区，是物质的特征区域，其中 995cm^{-1} 吸收带，1392cm^{-1} 吸收带，1509cm^{-1} 和 1610cm^{-1} 吸收带分别对应异丁基，甲基和芳环。2962cm^{-1} 处吸收带也对应甲基。很明显在 $3415 \sim 3425 \text{cm}^{-1}$ 处的峰强度因为浸泡环境不同发生了改变，无菌海水浸泡 30d 后的样品测试结果显示此处峰强度最低，未浸泡的样品在 2962cm^{-1} 峰强度较高，在恶臭假单胞菌海水溶液中浸泡 30d 后的测试显示峰吸收强度最高。这说明未浸泡样品和浸泡在无菌海水中的样品 C—OH 键峰的吸收率明显高于在恶臭假单胞菌海水中浸泡后的吸收率。进一步说明了由于恶臭假单胞菌的分解作用，浸泡过后 C—OH 键的数量和位置发生了明显的改变，导致环氧树脂分子结构发生了改变。

10.5.8 分解及腐蚀机制

电化学阻抗谱 EIS 数据真实可靠，在腐蚀研究中是探究电极-电解质界面处电化学反应过程的最普遍方法，能斯特图的容抗弧半径大小以及波特阻抗谱图的阻抗值都是指示涂层抗腐蚀性能的重要指标。本书中，采用了无菌海水和恶臭假单胞菌海水作为浸泡溶液，三组平行样品所获得的测试数据都显示出相似的趋势，即浸泡初期数据结果显示出较高的数值，随着浸泡时间的延长而逐渐降低，浸泡后期达到最低数值。在无菌海水中，涂层阻抗值的降低以及涂层性能的下降，主要归因于海水的渗透和导电性粒子在涂层内部的扩散。需要特别关注的是，在浸泡第 48h 到第 25d 期间，测试得到的涂层各个指标，在恶臭假单胞菌海水溶液浸泡过程下降程度远远大于在无菌海水溶液中。而且恶臭假单胞菌是两种海水体系唯一不同的因素。因此，所有的结果都表明恶臭假单胞菌是降低涂层耐腐蚀性能的主要因素，并且其可能具有分解环氧树脂涂层的作用。

波特相位角图谱和电化学等效电路模型，显示出了两种海水体系浸泡过程中电化学时间常数数量的变化。在无菌海水体系浸泡过程中其数量由 1 变为 2，表明无菌海水浸泡后期，涂层与基底界面处有腐蚀反应发生，但是由于涂层阻抗值仍然较大，所以此处腐蚀并不严重。但是在恶臭假单胞菌海水浸泡体系中，电化学时间常数的数量由 1 变为 2，最后出现 3 个时间常数。表明涂层表面形成了一层致密的生物膜，并且涂层基底界面处发生了电化学腐蚀反应，因为涂层阻抗值下降较为明显，而且第三个时间常数出现在高频处，说明界面腐蚀反应严重，涂层透水性严重下降，抗腐蚀性能被破坏。涂层宏观观察分析也证实，在恶臭假单胞菌海水溶液中样品基底处腐蚀相比无菌海水样品更为严重。所有的结果都支持恶臭假单胞菌具有破坏涂层防腐蚀性能，分解环氧树脂涂层的作用。

细菌生物膜是一种亲水性有机膜，其起到了间接减小海水与涂层之间的接触角。接触角测试也证实了恶臭假单胞菌生物膜具有降低涂层表面接触角的作用。但是，恶臭假单胞菌去除后涂层本身的接触角并没有改变。生物膜对接触角的作用，会影响到海水溶液的扩散路径，从而改变涂层的透水速率。

经过 30d 的浸泡，两海水体系的扫描电镜测试结果和红外光谱测试结果，揭示了恶臭假单胞菌对涂层表面的破坏作用以及对环氧树脂的降解作用。电化学阻抗谱测试结果和宏观腐蚀状态观察也为这一结论提供了辅助性的证据。根据红外光谱分析结果，恶臭假单胞菌的降解作用导致涂层环氧树脂分子结构中的 C—OH 键发生了改变。这一改变可能与羟基被氧化有关，其氧化过程如图 10-10 所示。微生物分解过程伴随着氧化反应，如羟基被氧化成羰基或者醛基，然后作为氧化中间体近一步被氧化。这些氧化反应发生后，大分子理化性质也会发生改变，例如，材料的分子量、强度、孔隙率、弹性等都有可能发生变化。

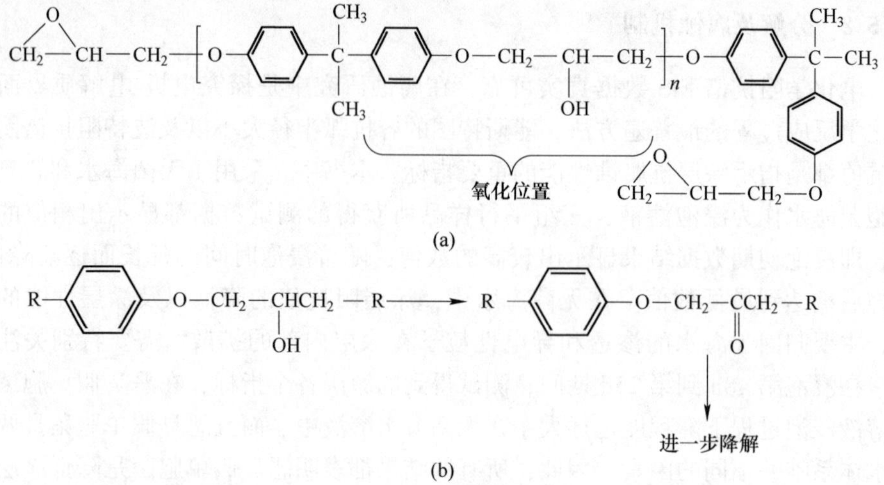

(a)

(b)

图 10-10 羟基被氧化过程

（a）环氧树脂分子结构图；（b）恶臭假单胞菌对涂层分子结构的降解机制

综上，假单胞菌对环氧树脂清漆涂层的分解作用及腐蚀进程的影响如下：

本实验利用涂层透水现象观察、电化学阻抗谱、接触角测试、扫描电镜、红外光谱等方法对恶臭假单胞菌分解环氧树脂清漆涂层进行了分析测试评估。证实了在恶臭假单胞菌的影响下，能斯特图的容抗弧半径大小和涂层等效电阻阻值 R_{coat} 显著减小，表明恶臭假单胞菌使得涂层的抗腐蚀性能下降，涂层有可能被细菌作用分解。恶臭假单胞菌海水溶液浸泡后，涂层表面附着了一层致密的生物膜，金属基底的腐蚀速率加快，腐蚀产物颜色加深，涂层透水速率增加等现象为结论提供了有力的辅助证据。恶臭假单胞菌的附着降低了涂层表面的接触角，但是对涂层自身的表面接触角没有影响。扫描电镜和红外光谱的结果证实，涂层在恶臭假单胞菌海水中浸泡 30d 后，涂层表面出现粉化痕迹，分子链中的羟基、羧基等基团被氧化分解，其中羟基有可能被氧化成羰基或者醛基，然后作为中间体被氧化成其他基团。

11 高压脉冲电场作用下炭黑改性涂层的杀菌性能及电化学行为

长期浸没在海水水线以下的海洋设施、船舶壳体和螺旋桨，受到各种海洋生物（如微生物、贝类、海藻类、海草等）的附着，在影响美观的同时，发生海洋设施和船舶的生物腐蚀，导致船舶航行时的表面阻力增大、航速降低、燃料的消耗速率增加，需定期进行清理等问题。涂层的涂装能有效地防止海洋设施及船舶的生物污损，电防污技术在涂层领域的应用也能极大地减少海洋生物的附着。

目前所用电防污技术均为电流防污方法，虽然可有效环保的防止污损，但其耗电大，对涂料导电性、耐海水电解性及对电解设施要求高，耗能大。而外加电场杀菌是一种新兴的非热能杀菌方法，外加高压电场下无电流通过仅利用高强度脉冲电场瞬时破坏微生物的细胞膜，大幅度增加细胞膜的渗透性，使微生物死亡，达到较强的杀菌作用。该种杀菌方式安全无害，具有传递均匀、处理时间短、能耗低等特点，且外加电场防污方法无需电流通过，对涂料导电性及电极结构要求不高，因此具有良好的应用前景。

本章拟在生物污损最为严重的热带海洋地区测试。将炭黑添加到海洋环氧树脂涂料中制备环氧树脂涂料，在 45 钢表面涂装制备好的涂料。利用电化学交流阻抗谱测试涂层的电阻率和涂层的电容，测试掺杂炭黑样品的杀菌率，并且用扫描电子显微镜观察浸泡涂层的表面形态。

11.1 试验材料和试样

基材选用 45 钢，将试样线切割加工成尺寸为 φ40mm×5mm 圆柱状的试样。基材处理过程：无水乙醇清洗掉试样表面油污，再将试样工作表面打磨光滑，最后用无水乙醇除去试样表面的油脂和水。按照 4∶1 的比例分别称取环氧防腐涂料 A 组分和环氧防腐涂料 B 组分，再注入与涂料 B 组分相应量的二甲苯稀释剂，将配好的涂料在电动搅拌器下搅拌 20min，使涂料混合均匀，静置 30min 后涂覆预处理过的洁净试样的 φ4cm 工作面上。

涂装工艺：采用滚涂的方法刷涂第一遍后常温下干燥 12h 再刷涂第二遍后常温下干燥 7d，两次刷涂后的漆膜厚度控制在（100±10）μm。

按照 4∶1 的比例分别称取环氧防腐涂料 A 组分和环氧防腐涂料 B 组分，将相应比例的炭黑称量好加入到相应量的二甲苯稀释剂中，将其在研钵中充分研磨均匀后加入到 A 组分中，再将 B 组分加入到其中，将配好的涂料在电动搅拌器下搅拌 20min，使涂料混合均匀，静置 30min 后涂覆预处理过的洁净试样的 ϕ4cm 工作面上。涂装工艺与上述相同。待完全干燥后，再于杀菌实验试样炭黑涂层之上涂覆一层环氧树脂清漆涂层，进行绝缘化处理，用于阻断样品炭黑涂层与海水间电流的传递，以排除杀菌过程中电流的作用，确保实验过程中电场的单因素影响，放置在自然通风条件下干燥 7d，完全干燥后保存待用。

11.2　测试及分析方法

11.2.1　杀菌率测试

试验采用大连鼎通科技发展有限公司生产的 DMC-200 高压电源脉冲设备，输出电压为 0~40kV，输出脉冲频率 14~80kHz，输出脉冲占空比 0~50%，其中电压、频率、占空比可调节。试验中取高压脉冲电场电压 15kV，频率 14.37kHz，占空比 50%。于超净台内滴加菌液于未通电阴性对照样品（编号为 A，45 钢试样附着细菌后不经过电场处理）、空白样板对照样品（编号为 B，涂覆炭黑改性涂层的 45 钢试样附着细菌后不经电场处理）和通电涂料样品（编号为 C，涂覆炭黑改性涂层的 45 钢试样附着细菌后经电场处理）上，且将塑料薄膜覆盖在样品 A、B、C 上。A、B 样品置于超净台内，C 样品放置高压脉冲电场设备中通以高压电场。通电一定时间将样品 A、B、C 及其覆盖膜取出。参照 GB/T 4789.2—2008 食品卫生微生物学检验菌落总数测定法规定的方法操作，对样品及其覆盖膜进行洗脱，依次进行 10 倍梯度稀释，直到适宜稀释度。样品 A 和样品 B 稀释至 10^{-8}，样品 C 稀释至 10^{-5}。分别取稀释液滴加于含有固体培养基的灭菌平皿中，并进行涂布，之后将涂布的平皿放入恒温培养箱中培养 48h 计数细菌数量。每个样品做 2 个平行试验。参照 HG/T 3950—2007 抗菌涂料中的方法，杀菌率的计算公式为：

$$R = (B - C)/B \times 100\%$$

式中　R——杀菌率，%；
　　　B——空白对照样平均回收菌落数，cfu/mL；
　　　C——通电涂料样品平均回收菌落数，cfu/mL。

11.2.2　电化学测试

电化学测试采用美国 Princeton Applied Research 公司 PAR 2273 电化学工作站，测试频率为 $10^5 \sim 10^{-2}$Hz，正弦波信号的振幅为 20mV。测试采用经典的三电极系统，以铂片为辅助电极，饱和甘汞电极为参比电极，以带涂层的基体金属作为研究电极，测试溶液为天然海水，测试各样品不同浸泡时间的阻抗谱，阻抗数据经计算机采集后，用 Zsimp Win 处理软件对实验数据进行拟合处理。试样的测试面积均为 $13cm^2$。

11.2.3 表面形貌观察

对完整未浸泡的涂层表面和浸泡一定时间后涂层表面分别作扫描电镜测试，根据得到的样品表面扫描电镜照片分析涂层防腐蚀性能降低的原因。

11.3 高压脉冲电场作用下炭黑改性涂层的杀菌性能及电化学行为

11.3.1 黄杆菌杀菌率

由表 11-1 数据可知，通电杀菌试验中不加炭黑涂层通电杀菌率为 86.3%，添加 0.5%、1.0%、1.5%炭黑复合涂层通电杀菌率分别是 98.6%、99.2%、99.6%，添加 0.5%炭黑掺杂量使得杀菌率增加 11%，这种杀菌效果与海洋中黄杆菌模拟杀菌效果一致。因此，环氧树脂清漆涂料与炭黑改性环氧树脂涂料通电杀菌后，表面菌落数目相对于通电前阴性样品附着菌落数目大量减少，因而高压电脉冲杀菌效果显著。未添加炭黑改性涂料的环氧树脂清漆涂料杀菌率较低，添加炭黑含量增多，导电性能增强，杀菌率比未添加炭黑的环氧清漆均有显著提高，均达到98%以上，杀菌性能优于环氧树脂清漆。

表 11-1 不同炭黑添加量环氧树脂涂层的杀菌率

| 炭黑 (w/%) | 不同涂料板平均回收菌落数 | | | | | | 杀菌率 R/% |
| | 阴性（A） | | 空白（B） | | 通电（C） | | |
	I	II	I	II	I	II	
0	$6.0×10^9$	$6.3×10^9$	$3.0×10^{10}$	$3.0×10^{10}$	$4.0×10^9$	$4.2×10^9$	86.33
0.5	$6.2×10^9$	$5.8×10^9$	$2.4×10^{10}$	$2.4×10^{10}$	$3.5×10^8$	$3.0×10^8$	98.64
1.0	$6.1×10^9$	$5.2×10^9$	$3.5×10^{10}$	$3.5×10^{10}$	$2.9×10^8$	$2.0×10^8$	99.29
1.5	$5.8×10^9$	$6.2×10^9$	$1.9×10^{10}$	$1.9×10^{10}$	$1.2×10^8$	$2.6×10^7$	99.61

11.3.2 电化学阻抗谱分析

用交流阻抗技术评估涂层的性能，分析炭黑添加对涂层的改性作用。由测得的谱图对电化学阻抗谱数据进行精确解析，得出各等效元件的参数，据此对涂层的耐蚀性能进行评估。

图 11-1~图 11-4 分别为掺杂了 0、0.5%、1.0%、1.5%的炭黑复合环氧树脂涂料海水浸泡过程中的波特图。从图中可以看出，在浸泡初期 1h 涂层的电阻较大，随着浸泡时间的延长，涂层的阻抗值随浸泡时间逐渐降低，至相位角-频率

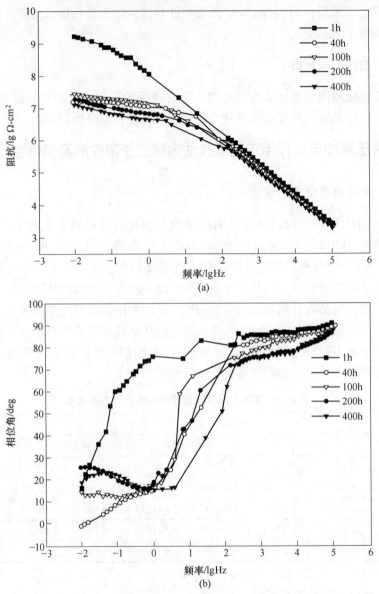

图 11-1　环氧树脂清漆涂层在海水中电化学阻抗谱波特图

(a) 阻抗-频率图；(b) 相位角-频率图

图相出现了一个波谷，即阻抗谱图出现了第二个时间常数。第二个时间常数的出现说明此时腐蚀性介质已经渗透到涂层/基底界面，涂层透水失效，界面区金属腐蚀反应开始发生。浸泡初期 1h 环氧清漆涂料与掺杂量为 0.5%炭黑的涂层初始阻抗值相近，均大于掺杂量为 1.0%、1.5%的涂层电阻，且浸泡至 200h 才出现涂层失效现象。而掺杂量为 1.0%、1.5%的涂层电阻出现第二个时间常数的浸泡时间较早，依次为 100h、40h。浸泡时间为 400h 时，掺杂 0.5%炭黑复合环氧树脂涂料的涂层电阻仍然保持 $10^7\Omega$ 以上，而掺杂量为 1.0%、1.5%的炭黑复合环氧树脂涂料分别在浸泡 100h 之后电阻降低到 $10^7\Omega$ 以下。

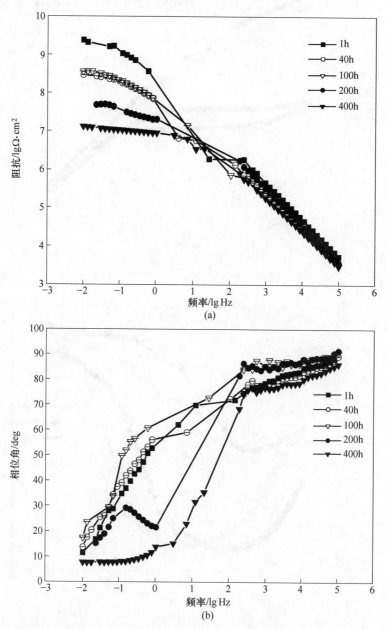

图 11-2 掺杂 0.5%炭黑环氧树脂涂层在海水中电化学阻抗谱波特图

(a) 阻抗-频率图；(b) 相位角-频率图

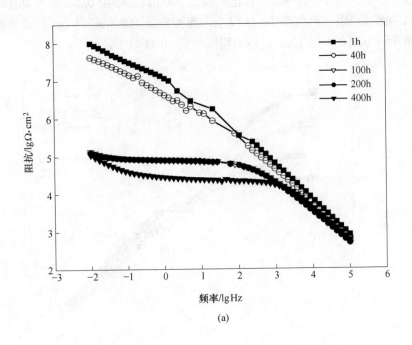

(a)

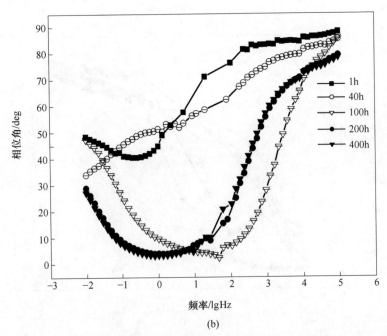

(b)

图 11-3　掺杂 1.0%炭黑环氧树脂涂层在海水中电化学阻抗谱波特图

(a) 阻抗-频率图；(b) 相位角-频率图

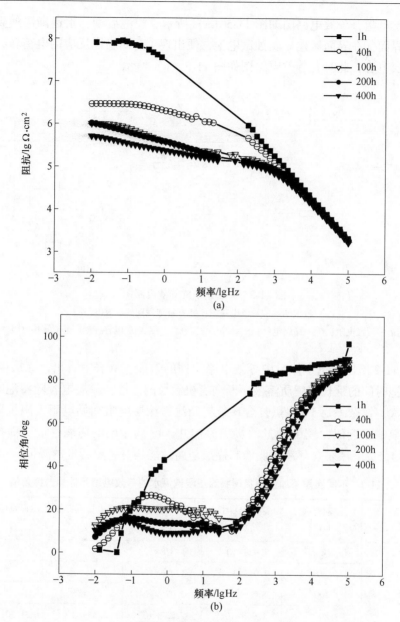

图 11-4　掺杂 1.5%炭黑环氧树脂涂层在海水中电化学阻抗谱波特图

（a）阻抗-频率图；（b）相位角-频率图

采用 Zsimp Win 软件对每个体系的阻抗谱进行拟合得到的等效电路如图 11-5 所示，其中 R_s 为溶液电阻，C_c 为涂层电容，R_p 为涂层电阻，C_{dl} 为界面金属腐蚀反应的双电层电容，R_t 为金属腐蚀反应的电荷转移电阻。在浸泡初期，水还没有渗透到金属与涂层界面时，体系没有发生腐蚀反应，只有溶液电阻、涂层电容和涂层电阻, 等效电路图如图 11-5 (a) 所示。浸泡后期, 水逐渐渗透到金属与涂层界面, 在界面区建立腐蚀微电池, 便出现了金属腐蚀反应的电荷转移电阻和双电层电容, 此时, 等效电路图如图 11-5 (b) 所示。

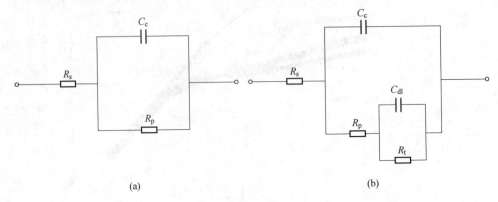

(a)   (b)

图 11-5   涂层体系的等效电路图

(a) 浸泡初期的等效电路图; (b) 浸泡后期的等效电路图

R_s—溶液电阻; C_c—涂层电容; R_p—涂层电阻; C_{dl}—双电层电容; R_t—电荷转移电阻

表 11-2 给出了每个体系中等效电路元件的参数。从表中看出, 涂层电容 C_c 随着浸泡时间的延长电解质溶液不断向有机涂层的渗透, 涂层电容随浸泡时间而逐渐增大。掺杂了 0.5% 炭黑复合环氧树脂涂料涂层电阻初始电阻及阻抗下降速度与环氧清漆近似, 较少含量的炭黑添加并未降低涂层的防腐性能。而掺杂了 1.0%、1.5% 炭黑复合环氧树脂涂料涂层防腐性能均有一定程度的降低。

表 11-2   不同炭黑添加量环氧树脂涂层浸泡海水的等效电路元件参数拟合值

炭黑 (w/%)	浸泡时间 /h	涂层电容 C_c /F	涂层电阻 R_p /$\Omega \cdot cm^2$	双电层电容 C_{dl} /F	电荷转移电阻 R_t /$\Omega \cdot cm^2$
0	1	7.928×10^{-10}	1.478×10^9		
	40	7.913×10^{-10}	1.426×10^7		
	100	8.52×10^{-10}	2.076×10^7		
	200	1.055×10^{-9}	7.257×10^6	3.859×10^{-7}	1.301×10^7
	400	1.114×10^{-9}	4.363×10^6	4.212×10^{-7}	7.803×10^6
0.5	1	4.999×10^{-10}	7.806×10^8		
	40	6.246×10^{-10}	3.142×10^8		
	100	4.424×10^{-10}	1.297×10^7		
	200	1.715×10^{-7}	3.14×10^5	2.943×10^{-7}	4.912×10^7
	400	5.991×10^{-10}	2.235×10^5	4.9×10^{-6}	1.031×10^7

续表 11-2

炭黑 （w/%）	浸泡时间 /h	涂层电容 C_c /F	涂层电阻 R_p /$\Omega \cdot cm^2$	双电层电容 C_{dl} /F	电荷转移电阻 R_t /$\Omega \cdot cm^2$
	1	$3.045×10^{-9}$	$3.211×10^7$		
	40	$3.262×10^{-9}$	$2.024×10^7$		
1.0	100	$4.301×10^{-9}$	$7.445×10^4$	$8.716×10^{-7}$	$9.81×10^4$
	200	$4.027×10^{-9}$	$1.798×10^4$	$1.930×10^{-6}$	$6.689×10^4$
	400	$7.151×10^{-9}$	$1.473×10^4$	$4.428×10^{-6}$	$1.663×10^4$
	1	$1.056×10^{-9}$	$2.518×10^6$		
	40	$1.053×10^{-9}$	$2.226×10^5$	$6.748×10^{-7}$	$6.958×10^5$
1.5	100	$8.892×10^{-10}$	$1.872×10^5$	$3.942×10^{-7}$	$5.977×10^5$
	200	$1.118×10^{-9}$	$1.538×10^5$	$1.105×10^{-6}$	$2.543×10^5$
	400	$1.136×10^{-9}$	$1.11×10^5$	$3.684×10^{-6}$	$1.336×10^5$

11.3.3　涂层的表面形貌观察

图 11-6 所示为掺杂量为 0.5% 的炭黑改性的涂层扫描电镜形貌图。由图可知，未浸泡的涂层的表面形貌比较光滑，涂层相对比较完整，而浸泡过的涂层表面裂纹增多，涂层表面发生明显的裂纹扩展现象，涂层表面的完整性被破坏。因此，在浸泡一定时间后涂层的抗介质渗透能力降低，涂层防腐蚀能力下降。此表面观察结果与 EIS 测试结果相吻合。

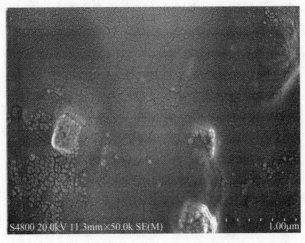

(a)

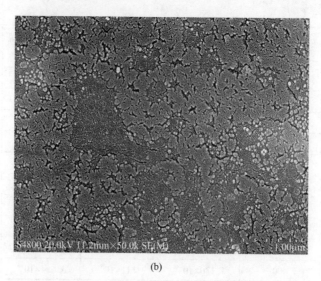

(b)

图 11-6   掺杂 0.5% 的炭黑改性的环氧树脂涂层的形貌观察
(a) 未浸泡的涂层；(b) 浸泡 200h 的涂层

综上，炭黑在环氧树脂涂层中的添加量对涂层在电脉冲作用下的杀菌率和涂层本身防护性能均产生显著影响。且随添加炭黑含量增多，杀菌率比未添加炭黑的环氧清漆均有显著提高，均达到 98% 以上，杀菌性能优于环氧树脂清漆。掺杂了 0.5% 炭黑的涂层抗介质渗透能力与未掺杂炭黑涂层相比未有较大变化。但随着掺杂炭黑含量增多，对涂层的破坏能力越强，涂层表面的缺陷越多，电解质对有机涂层的渗透能力越强，涂层抗介质渗透能力显著下降。就目前数据可得出，添加炭黑比例越多，涂层的杀菌率越高，抗介质渗透能力也越差。因此综合两项指标，掺杂炭黑含量低于 0.5% 获得的炭黑改性复合涂料杀菌率较高、涂层本身防护性能较好。

12 高压脉冲电场结合炭黑复合涂层对硅藻活性的影响研究

随着海洋作业的日益深入，各种船舶和海洋设施的防护变得尤为重要。海洋生物污损是一个全球性的经济问题，会导致重大的物质损失和经济损失。在海洋环境下，微观藻类暂时或永久地附着在基体上是海洋生物污损的重要组成部分。微观藻类的附着为宏观海洋生物如藤壶、牡蛎等提供了食物。因此，杀死附着的微观藻类对防止生物污损来说极为重要。大多数微观藻类并不容易附着，只有硅藻极易附着。所以如何抑制附着的硅藻是一个急需解决的难题。在过去的十几年里，防污涂料的应用已成为全世界公认的防止海洋设施免受生物污损的有效方法并被大力发展。然而这些海洋防污涂料由于使用有毒的化学物质或重金属离子会产生二次污染物，造成海洋生态环境的破坏。随着环境法规的增多和对海洋环境安全越来越多的关注，无污染的电脉冲（PEF）结合导电涂层作为一种很有发展前景的防污技术受到了广泛关注。高压脉冲电场（HPEF）技术在食品非热加工领域的应用已经十分广泛，然而这一技术在海洋防污和防腐领域未见报道。炭黑由于其热电性好且来源广泛、价格低廉，是最常用的导电填料，其体积电阻率约为 $0.1\Omega \cdot cm$。炭黑填充环氧树脂导电复合材料因其力学性能、耐热性能和黏接性能优异，已运用于导电胶黏剂、弯曲传感材料、光电设备等多个领域。本章结合高压脉冲技术与炭黑复合涂层探讨高压脉冲电场在海洋领域应用的可行性，考察电压、频率及占空比对杀藻效果的影响，通过掺杂不同含量的炭黑得到具有不同力学性能的复合涂层，从而选择综合力学性能最佳的复合涂层。

12.1 试验材料和试样

实验选择的衬底为有机玻璃板（100mm×50mm×4mm），参照 GB/T 9271—2008 采用超声波清洗机对衬底进行清洗。取炭黑研磨后按 0.1%、0.3%、0.5%、0.7%、0.9% 与环氧防腐涂料充分混合，用恒温磁力搅拌器在室温下搅拌 20min，静置 30min，涂布于有机玻璃板和马口铁（120mm×50mm×0.3mm）后室温静置晾干7d。用于力学性能实验的马口铁样品的涂层厚度遵循 GB/T 12452.2—2008，有机玻璃板涂层厚度需达到 300~350μm。采用数字测厚仪测试复合涂层厚度。

12.2 硅藻的来源和培养

实验所用的单细胞硅藻由海南大学海洋学院藻种实验室提供，海链藻

（Thalassiosira）和舟形藻（Navicula）的培养基采用浙江 3 号培养基，按照配方称取试剂，于容量瓶中定容，混匀分装灭菌，待其冷却后接种对数生长期的藻种。培养温度（20±1）℃、光照强度为 1600lx、光照时间和无光照的时间（h）比为 14：10。待硅藻处于对数生长期进行实验，尽可能取同龄藻作为实验藻种。

12.3 测试及分析方法

12.3.1 硅藻细胞失活率的测定

采用高压脉冲电源设备（DMC-200，大连鼎通科技发展有限公司），最高输出电压为 40kV，平行平板式电极，电极材料为铜，电极之间采用涂层样品连接（可替换），脉冲波形为方波，其中电压、频率和占空比可调。选取高压脉冲电场处理参数如下：电压 11kV，13kV，15kV，17kV，19kV；频率 15.06kHz，17.16kHz，23.15kHz，32.05kHz，53.19kHz，占 空 比 0.1，0.3，0.5，0.7，0.9。

向 7 只具塞离心管中加入 2mL Tris-HCl 缓冲液，1mL 8%Na$_2$S 溶液（新配），1mL 2，3，5-氯化三苯基四氮唑（TTC）标准使用溶液，浓度分别为 0mg/L，5mg/L，10mg/L，20mg/L，40mg/L，60mg/L，80mg/L；7 只具塞离心管中的 TTC 含量分别为 0μg，5μg，10μg，20μg，40μg，60μg，80μg。将 7 只具塞离心管振荡摇匀，置于（32±1）℃恒温水浴中发色 5min，各管分别加入 4mL 丙酮和 5mL 石油醚，振荡，提取三苯基甲臢（TF），稳定 5min，取上层有机溶液。在分光光度计上以石油醚为参比，487nm 处比色。绘制标准曲线（见图 12-1）。

将藻液样品离心弃去上清液，加 Tris-HCl 缓冲液、TTC 混合均匀。取 5mL 混合液加 0.5mL 甲醛作为对照样。将混合液和对照样放入 28℃恒温培养箱中培养 24h，分别向混合藻液和对照样加入甲醛后离心去上清液，加入环己烷混合均匀，28℃恒温培养 10min，离心取上清液，在 485nm 处比色，记录吸光度值。

采用 TTC-脱氢酶活性测试高压脉冲电场处理下藻细胞的失活率计算公式，见式（12-1）~式（12-3）：

$$\gamma_1 = \frac{M}{t \times V} \tag{12-1}$$

$$\gamma_2 = \frac{M}{t \times V} \tag{12-2}$$

$$P = \left(1 - \frac{\gamma_2}{\gamma_1}\right) \times 100\% \tag{12-3}$$

式中　γ_1——脉冲实验前的脱氢酶活性；

　　　γ_2——脉冲电场实验后的脱氢酶活性；

M——藻液在 485nm 处的吸光度值对应的 TF 含量；

t——发色时间；

V——实验藻液体积；

P——脉冲电场对藻样的抑制率。

12.3.2　涂层力学性能测定

涂层的铅笔硬度依据 GB/T 6239—2006；涂层的冲击强度依据 GB/T 1732—1993；涂层的柔韧性依据 GB/T 1731—1993。

12.4　高压脉冲电场结合炭黑复合涂层对硅藻活性的影响

12.4.1　高压脉冲电场参数变化对炭黑复合涂层上海链藻细胞活性的影响

如图 12-1 所示为最佳实验条件下的标准曲线，表述了不同吸光度所对应的 1，3，5-三苯基甲䐶（TF）含量，代入式（12-3）可得在不同高压脉冲电场参数处理条件下高压脉冲电场对炭黑复合涂层上海链藻细胞活性的影响（见图 12-2）。在炭黑复合涂层上海链藻的失活率随电场参数变化表现出了一定的规律性。由图 12-2

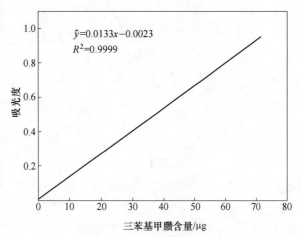

图 12-1　吸光度与三苯基甲䐶含量的关系曲线

（a）可见，在同一脉宽、频率及通电时间下，随着高压脉冲电场电压的升高，炭黑复合涂层上的海链藻的失活率显著增大，说明电压对海链藻的抑制效果十分显著。但是当电压超过 15kV 时，藻细胞的失活率增幅变小。当电压达到 19kV 时海链藻的失活率达到最大，为 89.2%。由图 12-2（b）可见，在保持不变的电压、脉宽及处理时间条件下，随脉冲次数（频率）的增加，海链藻的失活率表现出先增大后略微减小的趋势。当频率为 23.15kHz 时，海链藻的失活率达到最大。由图 12-2（c）可以发现，随高压脉冲电场的占空比的升高，海链藻细胞失活率呈现出先增后减最后平稳的趋势。其中在脉冲频率和电压一定时，其占空比的改变意味着脉宽的变化，当占空比为 0.5 时，海链藻的失活率达到最大值，说明在占空比为 0.5 时电场对海链藻的抑制效果最为明显。

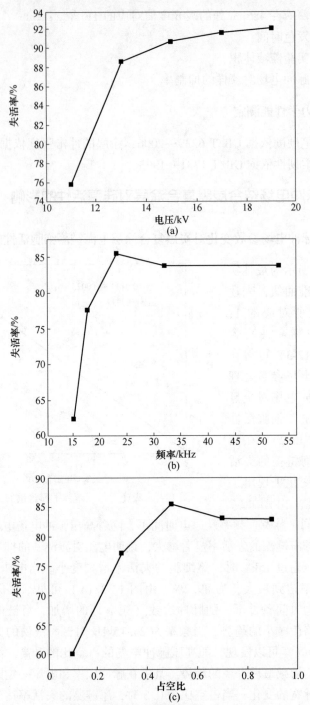

图 12-2 高压脉冲电场参数对炭黑复合涂层上海链藻失活的影响

(a) 电压；(b) 频率；(c) 占空比

12.4.2　高压脉冲电场参数变化对复合涂层上舟形藻细胞活性的影响

采用 TTC-脱氢酶活性测试表征炭黑复合涂层上，方波高压脉冲电场处理前后，底栖性硅藻舟形藻的细胞活性。实验结果表明，高压脉冲电场对舟形藻具有显著的抑制效果。高压脉冲电场的电压对涂层杀藻性能的影响如图 12-3（a）所示，控制通电时间 10min、占空比 0.5 和频率 23.15kHz 的条件下，从图中可以看出，舟形藻的失活率均随着电压的升高逐渐增大，当电压超过 15kV 后趋向平衡。电压为 19kV 时其失活率达最大，舟形藻的最大失活率为 92.1%。处理条件为 10min、占空比 0.5 和电压 15kV，及频率分别为 15.06kHz、17.86kHz、23.15kHz、32.05kHz、53.19kHz 时，从图 12-3（b）可以发现，藻细胞 TTC-脱

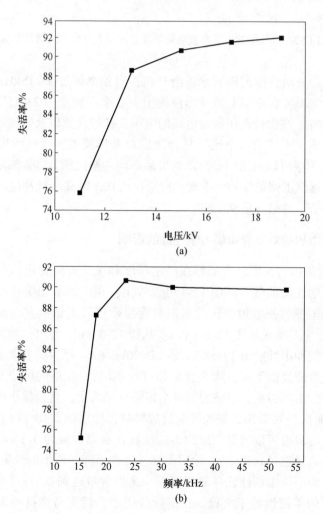

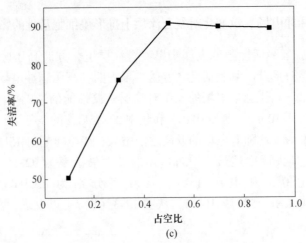

图 12-3   高压脉冲电场参数对炭黑复合涂层上舟形藻失活的影响

（a）电压；（b）频率；（c）占空比

氢酶活性测试的失活率前期随频率逐渐升高，当频率超过 23.15kHz 后略微降低并趋向平衡。炭黑复合涂层上的舟形藻细胞失活率在频率为 23.15kHz 时达到最大值，为 90.7%。在保持高压脉冲电场的电压、脉冲次数以及处理时间 10min 固定不变的条件下，不同的占空比下复合涂层对舟形藻细胞活性的影响如图 12-3（c）所示。从图中可以看出，舟形藻的失活率随占空比的升高逐渐增大，且占空比超过 0.5 后逐渐下降最终趋于平衡。占空比为 0.5 时高压脉冲电场对舟形藻活性影响最为显著，达最高值 90.7%。

12.4.3 炭黑添加量对复合涂层力学性能的影响

如图 12-4 所示为炭黑复合涂料在涂层厚度和风干时间为定值只改变炭黑含量情况下的力学性能曲线。从图 12-4 可以看出，炭黑的添加明显增强了涂层的抗冲击性能和柔韧性。添加少量的炭黑对涂层硬度没有影响，当炭黑含量超过 0.1% 后涂层硬度下降（见图 12-4（a））。从图 12-4（b）看出，随着炭黑含量的增加，涂层的抗冲击性能由 17kg/cm 增大到 20kg/cm。但当炭黑含量超过 0.5%，涂层的抗冲击性能反而下降；炭黑含量超过 0.7% 后，涂层的抗冲击性能不再下降。涂层柔韧性由不引起涂层破裂的最小棒轴直径表示，直径越小涂层柔韧性越好。由图 12-4（c）可看出，添加极少量炭黑时，涂层的柔韧性没有发生明显变化。添加适量的炭黑可以增强涂层的柔韧性且在炭黑含量为 0.3% 时得到最佳柔韧性。但炭黑含量超过 0.3% 后，涂层柔韧性急剧下降；添加的炭黑含量在 0.5% 以上时，复合涂层的柔韧性比环氧树脂差。炭黑含量达到 0.7% 后再继续增加炭黑含量，涂层的柔韧性趋于平稳。在实际应用中，优先考虑抗冲击性能和柔韧性，所以添加 0.3% 炭黑的复合涂料综合力学性能最佳。

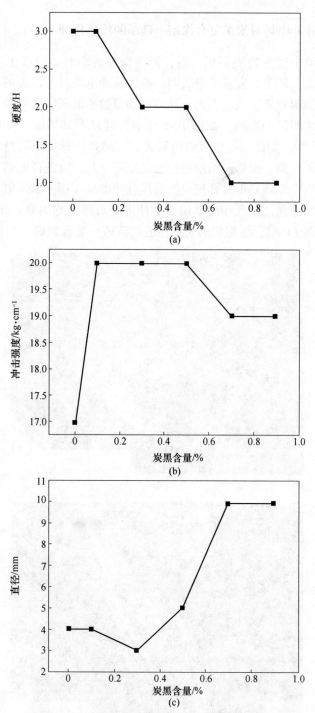

图 12-4 炭黑含量对复合涂层力学性能的影响

(a) 硬度；(b) 抗冲击性能；(c) 柔韧性

12.4.4   高压脉冲电场对炭黑复合涂层上硅藻的作用机理

在海洋环境中微生物膜形成之后，海洋微藻的附着是海洋生物污损形成不可或缺的一个重要环节。实验结果表明，高压脉冲电场对浮游形的海链藻和舟形藻都有显著的抑制效果，也表明高压脉冲电场参数如电压、频率和占空比对硅藻失活率有着非常明显的影响。如图 12-5 所示为硅藻在高压脉冲电场处理前后所拍摄的 SEM 照片。从图 12-5 中可以明显看到，经高压脉冲电场处理的海链藻的细胞膜上出现了孔洞，舟形藻的细胞膜已经呈碎片状。由此说明高压脉冲电场使藻细胞失活的主要原理是电穿孔理论。高压脉冲电场在用于杀藻时，会形成一些亚损伤细胞，对硅藻的致死作用是由于脉冲电场对藻细胞的穿孔损伤积累所致。当跨膜电位达到 1V 时，细胞膜的完整性遭到破坏，细胞裂解。临界电位的改变

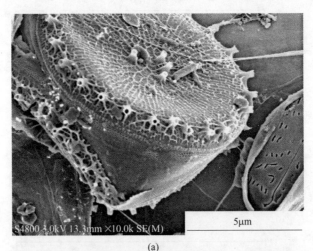

(a)

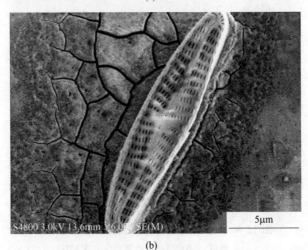

(b)

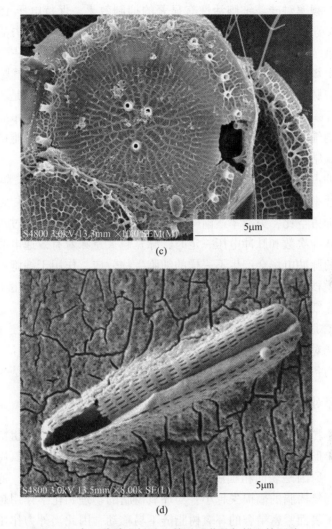

(c)

(d)

图 12-5 高压脉冲电场处理前后硅藻的扫描电镜照片
(a) 未处理的海链藻；(b) 未处理的舟形藻；(c) 处理后的海链藻；(d) 处理后的舟形藻

由电场持续时间和电场参数及温度决定。炭黑作为导电填料可以均匀体系内的电压并增强细胞电场之间的相互作用，使细胞膜对外加电场和膜电位差的响应更加频繁、强烈。

高压脉冲电场参数电压对硅藻活性有着十分显著的抑制效果，结合高压脉冲电场不同电压对海链藻和舟形藻细胞活性的影响结果表明，在频率为 23.15kHz、占空比为 0.5 时，两种硅藻的失活率随电压增大而增大。当电压为 19kV 时，两种藻的失活率均达到最大值。而且两种硅藻的失活率在电压由 11kV 升高到 15kV 这一阶段急剧升高，电压超过 15kV 后失活率增幅变小。

高压脉冲频率对硅藻细胞活性有显著的抑制效果。保持电压 15kV、占空比 0.5 不变，电场频率由 15.06kHz 增大到 23.15kHz，两种硅藻的失活率也随之增至最大值；继续增加电场频率，失活率反而降低。当通电时间和占空比一定时说明硅藻经过电场处理的有效时长固定不变，频率的增加就意味着脉冲次数的增加，也意味着脉宽的减少。不同脉宽的脉冲作用于细胞体内结构是不同的。脉宽大于 20μm 时，高压脉冲电场作用于藻细胞膜等，而脉宽小于 20μm 时电场则作用于细胞内的细胞质等有机体。不同波形参数的电脉冲对肿瘤细胞的电穿孔效应有着相似实验结论。

高压脉冲占空比对硅藻有着一定的抑制效果。在电压 15kV、频率 23.15kHz 条件下，失活率随占空比的增加而增大；占空比增至 0.5 时，失活率达到最大值；继续增加占空比，失活率逐渐降低。实验结果表明，脉宽通过占空比的改变来调节。当脉冲次数和脉冲电压一定时，脉宽越大意味着有效通电时长越大，而且不同脉宽的脉冲电场会产生不一样的细胞生物效应。作用于细胞膜的脉宽主要是微秒和亚微秒级的脉冲，跨膜电压超过额定电压时，细胞膜产生不可逆的穿孔效应，致使藻细胞的死亡。实验过程中脉宽范围为 4~36μm。

结合 TTC-脱氢酶活性染色对经脉冲电场处理前后藻细胞活性进行表征对比，发现脉冲电场对两种藻活性的抑制效果十分显著，且两种藻的失活率并不相同，这是由于生物各异性造成的。但是其随着脉冲参数的变化规律还是一致的。

12.4.5　炭黑对复合涂层力学性能的影响机理

炭黑原生粒子表面由细小的石墨状晶体无规排列构成，结构粗糙，呈凹凸不平的原子台阶形貌。炭黑粒子的表面粗糙度越大，炭黑粒子与环氧树脂之间的相互作用越强。原因是表面粗糙度越大的炭黑粒子棱角（活化点）越多，表面能越高，吸附环氧树脂的熵损失越小，与环氧树脂的物理和化学作用越强。由于与粗糙炭黑粒子表面紧密结合的环氧树脂链不易移动，因此当外力作用时，吸附在炭黑粒子表面的环氧树脂分子链滑动十分困难，分子链的应力松弛、分子链局部和粒子链的重新定向会消耗较多能量，能够延缓微裂纹产生，从而起到增强复合涂层力学性能的作用。但是加入过量炭黑，使得体系的黏度增大，炭黑无法均匀分散，则可能由于形成较多的孔隙而产生一些缺陷，使复合涂层的力学性能下降。

综上，通过研究高压脉冲电场不同处理条件下对两种硅藻细胞活性的影响，采用 TTC-脱氢酶活性检测的方法，得到经过脉冲处理前后两种藻的细胞活性，算出藻细胞的失活率，发现高压脉冲电场对硅藻有着十分显著的抑制作用。其中，高压脉冲电场的电压、频率及占空比对两种硅藻细胞活性有着明显的抑制作用，都呈现出一定的规律性。硅藻失活率随电压增大而增大，当电压增加到

19kV 时达到最大。而电压超过 15kV 后继续增加，硅藻失活率的增幅不大。在炭黑复合涂层上的海链藻最大失活率为 89.2%，舟形藻最大失活率为 92.1%。此外，高压脉冲电场对硅藻细胞活性的影响还依赖于频率和占空比，最佳频率和占空比分别为 23.15kHz 和 0.5。添加适量的炭黑可以增强涂层的力学性能。炭黑的含量为 0.3% 时，可以得到综合力学性能最佳的复合涂层。高压脉冲电场结合炭黑复合涂层防污方法的优势在于其优异的防污效果和不产生二次污染的特点。因此，这一防污方法在海洋工业应用中有较大的潜力。

13　高压脉冲电场作用下碳纤维改性涂层的杀菌性能及电化学行为

传统的防污涂料主要是通过添加有毒物质来限制海洋生物的附着和生长，主要代表物质为三丁基锡。然而研究表明，三丁基锡可扰乱软体动物的内分泌作用，诱发性畸变，致使种群退化、数量锐减，严重危害到海洋生物的生存，改变海洋生物链。因此，国际海事组织（IMO）所属的海洋环境保护委员会（MEPC）规定于 2008 年 1 月 1 日起禁止使用含有有机锡的防污漆。鉴于此，各国纷纷研发无毒的防污涂料。

电场杀菌是目前食品工业上应用的一项新型杀菌技术。如果通过在涂料中添加一些高导电性的导电填料，改性环氧树脂涂料的介电性能，得到能够产生均匀等势体及高场强的涂层。在涂层表面通以高压脉冲时就会产生高强度的脉冲电场，高强度的脉冲电场破坏微生物的细胞膜结构，最终导致海生物无法在船体上附着，达到防污的效果。

本章拟在生物污损最为严重的热带海洋地区进行防污研究，将碳纤维添加到海洋环氧树脂涂料中制备环氧树脂涂料，在 45 钢表面涂装制备好的涂料。利用电化学交流阻抗谱研究涂层的电阻率和涂层的电容，检测碳纤维涂层的杀菌率，并且用扫描电子显微镜观察浸泡涂层的表面形态。

13.1　试验材料和试样

基材选用 45 钢，将试样线切割加工成尺寸为 $\phi 40mm \times 5mm$ 圆柱状的试样。基材处理过程：无水乙醇清洗掉试样表面油污，再将试样工作表面打磨光滑，最后用无水乙醇除去试样表面的油脂和水。按照 4∶1 的比例分别称取环氧防腐涂料 A 组分和环氧防腐涂料 B 组分，再注入与涂料 B 组分相应量的二甲苯稀释剂，将配好的涂料在电动搅拌器下搅拌 20min，使涂料混合均匀，静置 30min 后涂覆预处理过的洁净试样的 $\phi 4cm$ 工作面上。

涂装工艺：采用滚涂的方法刷涂第一遍后常温下干燥 12h 再刷涂第二遍后常温下干燥 7d，两次刷涂后的漆膜厚度控制在（100±10）μm。

按照 4∶1 的比例分别称取环氧防腐涂料 A 组分和环氧防腐涂料 B 组分，将相应比例的碳纤维称量好加入到相应量的二甲苯稀释剂中，将其在研钵中充分研磨均匀后加入到 A 组分中，再将 B 组分加入到其中，将配好的涂料在电动搅拌器下搅拌 20min，使涂料混合均匀，静置 30min 后涂覆预处理过的洁净试样的 ϕ4cm 工作面上。涂装工艺与上述工艺相同。待完全干燥后，再于杀菌实验试样碳纤维涂层之上涂覆一层环氧树脂清漆涂层，进行绝缘化处理，用于阻断样品碳纤维涂层与海水间电流的传递，以排除杀菌过程中电流的作用，确保实验过程中电场的单因素影响，放置在自然通风条件下干燥 7d，完全干燥后保存待用。

13.2 测试及分析方法

13.2.1 黄杆菌杀菌率测试

试验采用大连鼎通科技发展有限公司生产的 DMC-200 高压电源脉冲设备，输出电压为 0~40kV，输出脉冲频率 14~80kHz，输出脉冲占空比 0~50%，其中电压、频率、占空比可调节。试验中取高压脉冲电场电压 15kV，频率 14.37kHz，占空比 50%。于超净台内滴加菌液于未通电阴性对照样品（编号为 A，45 钢试样附着细菌后不经过电场处理）、空白样板对照样品（编号为 B，涂覆碳纤维改性涂层的 45 钢试样附着细菌后不经过电场处理）和通电涂料样品（编号为 C，涂覆碳纤维改性涂层的 45 钢试样附着细菌后经电场处理）上，且将塑料薄膜覆盖在样品 A、B、C 上。A、B 样品置于超净台内，C 样品放置高压脉冲电场设备中通以高压电场。通电一定时间将样品 A、B、C 及其覆盖膜取出。参照 GB/T 4789.2—2008 食品卫生微生物学检验菌落总数测定法规定的方法操作，对样品及其覆盖膜进行洗脱，依次进行 10 倍梯度稀释，直到适宜稀释度。样品 A 和样品 B 稀释至 10^{-8}，样品 C 稀释至 10^{-5}。分别取稀释液滴加于含有固体培养基的灭菌平皿中，并进行涂布，之后将涂布的平皿放入恒温培养箱中培养 48h 计数细菌数量。每个样品做 2 个平行试验。参照 HG/T 3950—2007 抗菌涂料中的方法，杀菌率的计算公式为：

$$R = (B - C)/B \times 100\%$$

式中　R——杀菌率，%；

　　　B——空白对照样平均回收菌落数，cfu/mL；

　　　C——通电涂料样品平均回收菌落数，cfu/mL。

13.2.2 电化学测试

电化学测试采用美国 Princeton Applied Research 公司 PAR 2273 电化学工作站，测试频率为 10^5~10^{-2}Hz，正弦波信号的振幅为 20mV。测试采用经典的三电极系统，以铂片为辅助电极，饱和甘汞电极为参比电极，以带涂层的基体金属作为研究电极，测试溶液为天然海水，测试各样品不同浸泡时间的阻抗谱，阻抗数据经计算机采集后，用 Zsimp Win 处理软件对实验数据进行拟合处理。试样的测

试面积均为 $13cm^2$。

13.2.3   表面形貌观察

对完整未浸泡的涂层表面和浸泡一定时间后涂层表面分别作扫描电镜测试，根据得到的样品表面扫描电镜照片分析涂层防腐蚀性能降低的原因。

13.3   高压脉冲电场作用下碳纤维改性涂层的杀菌性能及电化学行为

13.3.1   黄杆菌杀菌率

所有 4 种掺杂了碳纤维的环氧树脂涂层，即掺杂了 0.1%、0.5%、0.7%、0.9% 的碳纤维复合环氧树脂涂层的杀菌率都超过了 99%，例如，对于两个 0.1% 碳纤维复合环氧树脂涂层样品：$A_I = 8.3×10^9$，$A_{II} = 5.3×10^{10}$，$B_I = 4.4×10^9$，$B_{II} = 3.9×10^9$，$C_I = 2.8×10^7$，$C_{II} = 3.3×10^7$，杀菌率为 99.256%。

13.3.2   电化学阻抗谱分析

如图 13-1～图 13-5 所示分别为掺杂 0%、0.1%、0.5%、0.7%、0.9% 的碳纤维复合环氧树脂涂层在海水浸泡过程中的波特图。从图中可以看出，掺杂碳纤维环氧树脂涂层和其他涂层一样，随着浸泡时间的延长，电解质溶液对有机涂层的逐渐渗透，使得涂层的阻抗值随浸泡时间逐渐降低。最大相位角逐渐向高频移动，表明涂层防腐蚀性能随浸泡时间下降。与环氧树脂清漆涂层（0% 碳纤维含量）相比，0.1% 和 0.9% 的碳纤维复合环氧树脂涂层的涂层阻抗降低，但是 0.5% 和 0.7% 的碳纤维复合环氧树脂涂层的涂层阻抗升高。从掺杂不同比例碳纤维的波特-阻抗图可以看出，掺杂量为 0.1% 和 0.9% 的涂层的失效时间比掺杂量为 0.5% 和 0.7% 的时间短，这是因为当掺杂量为 0.1% 时填料在树脂中的分布比较稀疏，不能起到良好的防护作用。而掺杂量为 0.9% 的涂层，填料在涂层中的分布又过于密集，涂层中的树脂不足以完全润湿填料，致使涂层中存在很多微观缺陷，不能形成连续完整的涂层。

13.3.3   涂层的表面形貌观察

如图 13-6 所示为掺杂量为 0.5% 的碳纤维改性的涂层扫描电镜形貌图。由图可以看出，未浸泡的涂层的表面形貌比较光滑，涂层表面基本没有出现大的裂痕，而浸泡过的涂层表面裂纹增多，并且出现凹凸不平的现象，并看出有逐渐出现粉化的趋势，涂层的完整性被破坏。

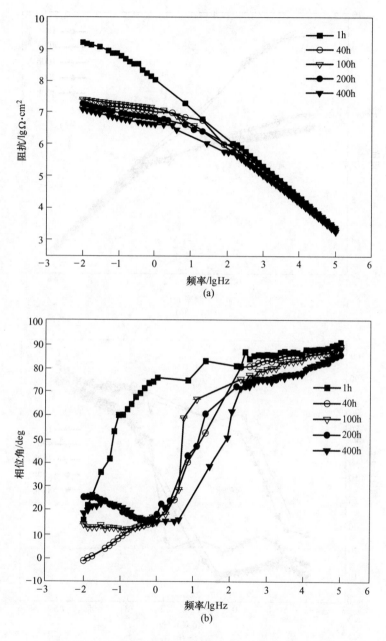

图 13-1 环氧树脂清漆涂层在海水中电化学阻抗谱波特图

（a）阻抗-频率图；（b）相位角-频率图

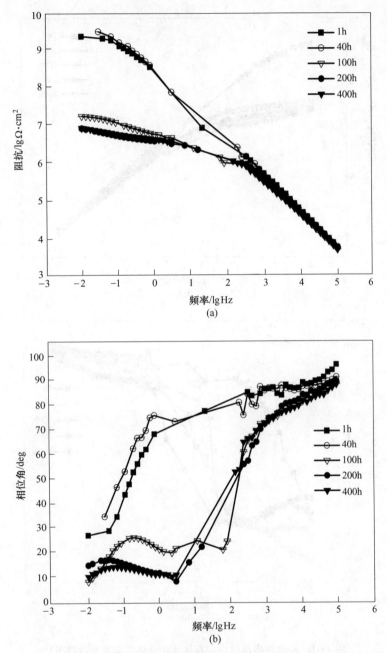

图 13-2   掺杂 0.1% 碳纤维环氧树脂涂层在海水中电化学阻抗谱波特图
（a）阻抗-频率图；（b）相位角-频率图

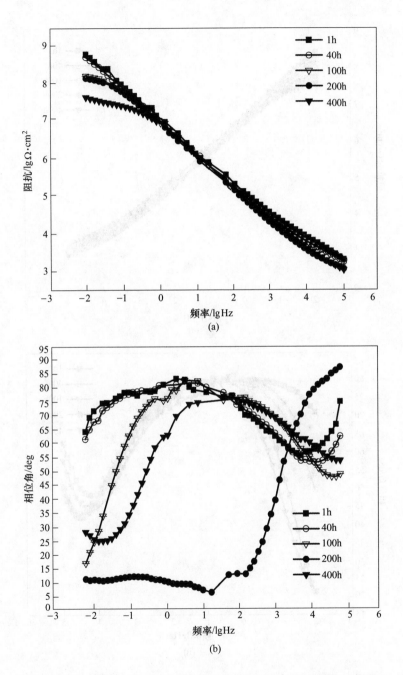

图 13-3　掺杂 0.5%碳纤维环氧树脂涂层在海水中电化学阻抗谱波特图
（a）阻抗-频率图；（b）相位角-频率图

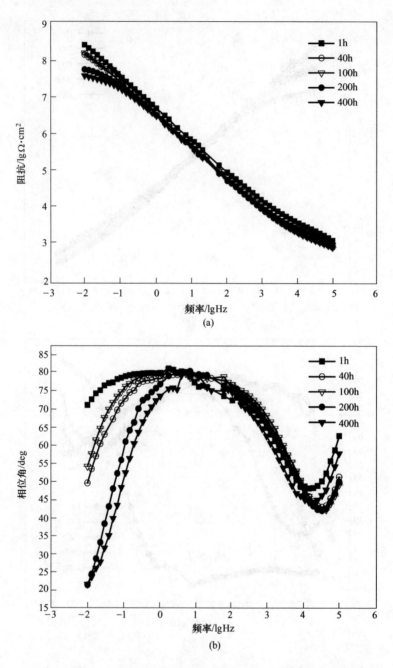

图 13-4   掺杂 0.7%碳纤维环氧树脂涂层在海水中电化学阻抗谱波特图

(a) 阻抗-频率图；(b) 相位角-频率图

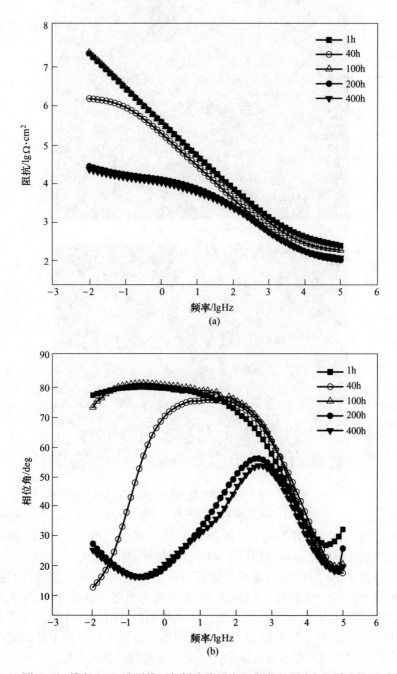

图 13-5 掺杂 0.9%碳纤维环氧树脂涂层在海水中电化学阻抗谱波特图
（a）阻抗-频率图；（b）相位角-频率图

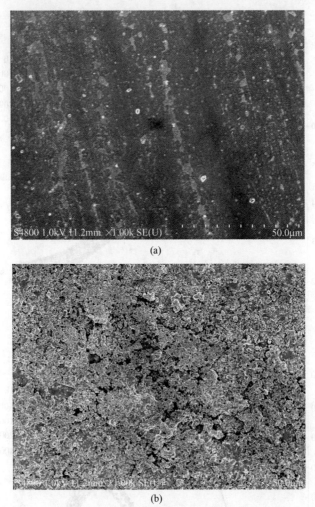

图 13-6　掺杂 0.5% 的碳纤维改性的环氧树脂涂层的形貌观察
（a）未浸泡的涂层；（b）浸泡 400h 的涂层

　　综上，高压脉冲电场作用下，掺杂了 0.1%、0.5%、0.7%、0.9% 的碳纤维复合环氧树脂涂层的杀菌率都超过了 99%，杀菌性能优异。

　　掺杂量为 0.5%、0.7% 的碳纤维涂层与掺杂量为 0.1%、0.9% 的涂层相比，掺杂量为 0.5%、0.7% 的涂层的抗介质渗透能力更强，这是由于当掺杂量为 0.1% 时填料在树脂中的分布比较稀疏，不能起到良好的防护作用。而掺杂量为 0.9% 的涂层，填料在涂层中的分布又过于密集，涂层中的树脂不足以完全润湿填料，致使涂层中存在很多微观缺陷，不能形成连续完整的涂层。

　　碳纤维改性环氧树脂涂层与未改性的环氧树脂涂层相比，掺杂量为 0.1%、0.9% 的涂层的抗介质渗透能力明显低于未经过改性的环氧树脂涂层，但掺杂量为 0.5%、0.7% 的涂层的抗介质渗透能力反而比环氧树脂清漆的抗介质渗透能力更强。

14 高压脉冲电场参数对于碳纤维复合涂层杀菌性能的影响

对于海洋防污，涂覆涂层是经济、有效、普遍易行的措施。在树脂涂料中添加碳纤维填料，不但能增强复合涂层力学性能，而且能对复合涂料的电性能起到十分显著的影响。碳纤维自身具有特别的物理与化学性质，碳纤维/有机体复合涂层是目前用量较大的功能型涂料。

高压脉冲电场技术在食品非热加工领域已经有十分广泛的应用。虽然高压脉冲电场用于食品灭菌的研究已经取得很大进展，然而这一技术在海洋防污和防腐领域未见报道。本章结合脉冲电场技术，通过掺杂不同含量和长度的碳纤维得到具有不同介电性能的复合涂层，然后选择物理化学性能较好和频响效应更加迅速的复合涂层，探讨高压脉冲电场在海洋领域应用的可行性，考察电压、频率及占空比对涂层杀菌效果的影响。

14.1 试验材料和试样

实验选择的衬底为有机玻璃板（100mm×50mm×4mm），参照 GB/T 9271—2008 采用超声波清洗机对衬底进行清洗。所采用的碳纤维表面经过去离子水反复冲洗，在 50℃真空干燥后作为填料。将不同长度（3mm、5mm、7mm）的碳纤维按不同的质量分数（0.1%、0.3%、0.5%、0.7%、0.9%）称量好，加入到环氧树脂涂料中，充分混合，用恒温磁力搅拌器在室温下搅拌 20min，使涂料混合均匀。静置 30min 后，涂覆于处理过的洁净有机玻璃板工作面上，室温静置晾干 7d。采用数字测厚仪测得涂层厚度，使其为 300μm 左右。待完全干燥后，再于杀菌实验试板碳纤维涂层之上涂覆一层环氧树脂清漆涂层，进行绝缘化处理，用于阻断样品碳纤维涂层与海水间电流的传递，以排除杀菌过程中电流的作用，确保实验过程中电场的单因素影响，放置在自然通风条件下干燥 7d，完全干燥后保存待用。

14.2 微生物来源和培养

本实验中所用菌种弧菌是从浸泡于自然海水中的 45 钢腐蚀产物中分离并且提纯获得。弧菌的培养基为 2216E 培养基，其成分为：5g/L 蛋白胨，1g/L 酵母胨，琼脂粉 20g（固体 2216E 培养基），陈海水 1000mL。采用 NaOH/HCl 调节

pH 值为 7.6~7.9。配置完成的培养基置于高压蒸汽灭菌锅于 121℃ 下灭菌 20min。实验用海水取自海口市假日海滩海滨浴场，经沙滤净化，海水盐含量为 29.6‰~31.6‰。从弧菌斜面上挑取 2~3 环菌种，加入 200 mL 2216E 液体培养基，培养 24h 作为实验用菌液。

14.3　测试及分析方法

14.3.1　碳纤维复合涂层介电性能的测定

采用 Novocontrol GmbH 的 Concept 40 型宽频介电阻抗谱仪对复合涂层介电性能进行分析，频率范围为 $0~10^7$ Hz。

14.3.2　杀菌率测试

试验采用大连鼎通科技发展有限公司生产的 DMC-200 高压电源脉冲设备，最高输出电压 40kV，平行平板式电极，电极材料为铜，电极之间采用涂层样品连接（可以替换），脉冲波形为方波，其中电压、频率和占空比可调。选取高压脉冲电场处理参数为：电压 11kV，13kV，15kV，17kV，19kV；频率 15.06kHz，17.16kHz，23.15kHz，32.05kHz，53.19kHz；占空比 0.1，0.3，0.5，0.7，0.9。

在超净台内分别取 0.1mL 实验菌悬液附着于未通电阴性对照样品（编号为 A，有机玻璃板附着细菌后不经过电场处理）、空白样板对照样品（编号为 B，涂覆碳纤维环氧树脂涂层的有机玻璃板附着细菌后不经过电场处理）和通电涂料样品（编号为 C，涂覆碳纤维环氧树脂涂层的有机玻璃板附着细菌后经电场处理）上，且将塑料薄膜覆盖在样品 A、B、C 上。A、B 样品置于超净台内，C 样品放置高压脉冲电场设备中通以高压电场。通电一定时间，将样品 A、B、C 及其覆盖膜取出。参照 GB/T 4789.2—2008 食品卫生微生物学检验菌落总数测定法规定的方法操作，对样品及其覆盖膜用 4.9mL 洗脱液充分进行洗脱，依次进行 10 倍梯度稀释，直到适宜稀释度。样品 A 和样品 B 稀释至 10^{-8}，样品 C 稀释至 10^{-5}。分别取 0.1mL 稀释液滴加于含有 2216E 固体培养基的灭菌平皿中，并进行涂布，之后将涂布的平皿放入 30℃ 恒温培养箱中培养 48h 计数细菌数量，每个样平行做 3 次，取平均值。参照 HG/T 3950—2007 抗菌涂料中的方法，杀菌率的计算公式为：

$$R = (B - C)/B \times 100\%$$

式中　R——杀菌率，%；

B——空白对照样平均回收菌落数，cfu/mL；

C——通电涂料样品平均回收菌落数，cfu/mL。

14.3.3 高压脉冲电场对碳纤维复合涂层影响的检测

使用 Hitachi 公司的 S-4800 扫描电子显微镜，对经高压脉冲电场作用前后的碳纤维复合涂层进行观察，电子加速电压为 5kV。使用英国 Renishaw 公司的 inVia Reflex 显微共聚激光拉曼光谱仪设备，对复合涂层经高压脉冲电场作用前后的结构进行分析。实验在室温下进行，波数范围为 $50 \sim 2000 cm^{-1}$，激光功率 300mW，激发光源为 785nm 氩离子激光器，衰减系数为 30%，操作过程采用背散射配置，其束斑直径为 $1\mu m$，对通电前后的涂层进行二次扫描检测并叠加。

14.4 高压脉冲电场参数对于碳纤维复合涂层杀菌性能的影响

14.4.1 碳纤维长度和含量对复合涂层表面能的影响

如图 14-1 所示，3mm 碳纤维掺杂的涂料随碳纤维含量的增加表面能先降低后增加，当其质量分数为 0.7% 时表面能达到最大值，质量分数为 0.5% 时表面能达到最小值；5mm 碳纤维掺杂的涂料随碳纤维含量的增加表面能起伏不定，在实验样品中，当其质量分数为 0.5% 时表面能达到最大值，质量分数为 0.3% 时表面能达到最小值。7mm 碳纤维掺杂的涂料随碳纤维含量的增加表面能先降低后增加，当其质量分数为 0.5% 时表面能达到最小值，质量分数为 0.1% 时表面能达到最大值。整体而言，对于掺杂不同含量不同长度的碳纤维防污涂层，其表面能保持在 $30 \sim 44 mJ/m^2$，掺杂 7mm 碳纤维质量分数为 0.5% 时表面能达到最小值

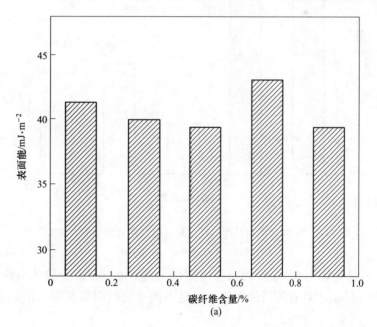

(a)

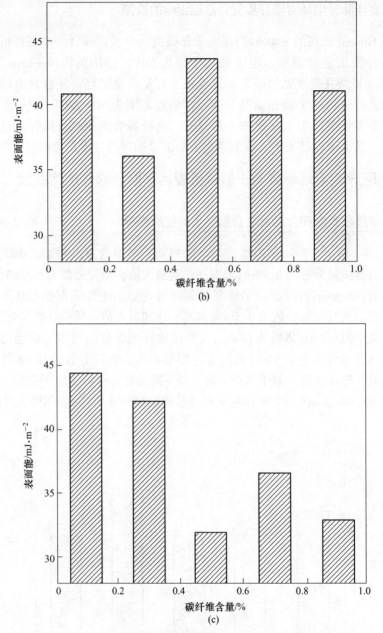

图 14-1 不同含量和长度碳纤维复合涂层在海水中的表面能

(a) 3mm; (b) 5mm; (c) 7mm

$31mJ/m^2$，质量分数为 0.1% 时表面能达到最大值 $44mJ/m^2$。一般认为涂层的表面能小于 $30mJ/m^2$ 才具有防污的性能。但是不同生物的附着具有一定的选择性，

如藤壶对自由能为 $30\sim35\mathrm{mJ/m^2}$ 的表面最易黏附，而苔藓虫则对自由能为 $10\sim30\mathrm{mJ/m^2}$ 的表面黏附力最强。说明涂覆碳纤维涂层并不是材料具备防污效果的充分条件。

14.4.2 碳纤维长度和含量对复合涂层介电常数的影响

如图 14-2 所示为掺杂不同含量和长度碳纤维的复合涂层介电常数随频率变化的趋势，掺杂碳纤维涂层随频率增大呈现出先降低后逐渐平稳的趋势。比较可以发现碳纤维掺杂对复合涂层的介电常数有着相当显著的影响，碳纤维复合涂层的介电常数随掺杂 3mm 碳纤维含量的变化趋势，呈现出 0.9%>0.7%>0.5%>0.3%>0.1%的趋势，复合涂层的介电常数从碳纤维含量为 0.1%时的2.2~2.1 上升至 0.9%时的 3.6~3.5。掺杂 5mm 不同含量的碳纤维复合涂层介电常数随含量的变化，呈现出 0.9%>0.7%>0.1%>0.5%>0.3%的趋势，碳纤维含量为 0.3%时，复合涂层的介电常数最小。掺杂 7mm 不同含量碳纤维的复合涂层介电常数随含量的变化呈现出 0.9%>0.7%>0.1%>0.3%>0.5%的趋势，且碳纤维含量为 0.5%时，其介电常数最低达到 2.0 以下。

14.4.3 碳纤维长度和含量对复合涂层介电损耗的影响

常温下掺杂不同含量和长度的碳纤维后涂层介电损耗随频率变化曲线如图 14-3 所示。随着外加电场频率的增加，在 $0\sim4\times10^6\mathrm{Hz}$ 范围内，碳纤维涂层的介电损耗随频率增加缓慢，介电损耗随含量的变化很小；当频率大于 $4.0\times10^6\mathrm{Hz}$，

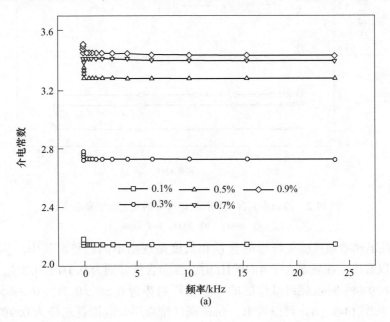

(a)

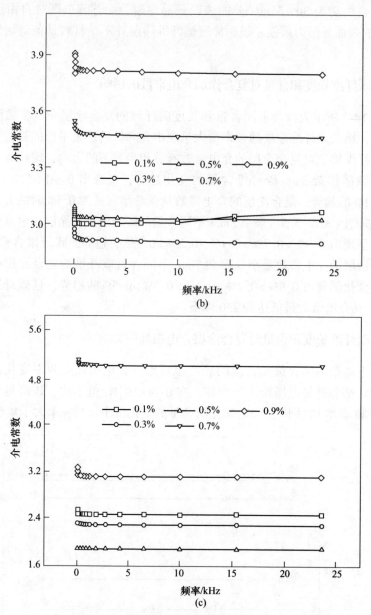

图 14-2   掺杂不同含量和长度碳纤维的复合涂层介电常数
（a）3mm；（b）5mm；（c）7mm

介电损耗迅速增加且随碳纤维的含量和长度呈现出不同趋势。其中，从图 14-3 （a）可以看出，在频率大于 $4×10^6$ Hz 时，掺杂含量分别为 0.1%、0.3%、0.5%、0.7%、0.9% 的 3mm 碳纤维涂层的介电损耗趋势为 0.5%>0.7%>0.9%>0.3%> 0.1%；从图 14-3 （b）可以看出，5mm 碳纤维涂层介电损耗趋势为 0.9%>0.7%

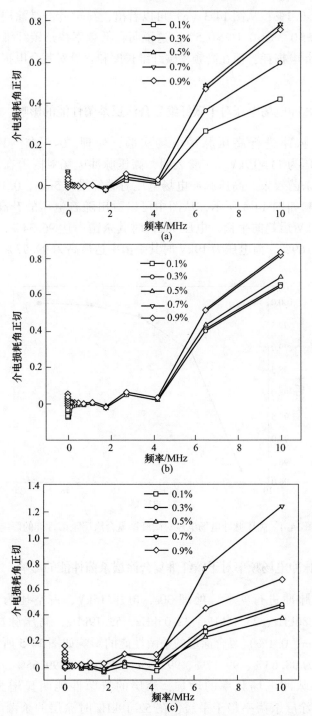

图 14-3　不同含量和长度碳纤维对复合涂层介电损耗的影响

（a）3mm；（b）5mm；（c）7mm

>0.5%>0.3%>0.1%；从图 14-3（c）可以看出，7mm 碳纤维涂层介电损耗趋势为 0.7%>0.9%>0.3%>0.1%>0.5%。这说明在低频率掺杂碳纤维含量和长度并未增加涂层的介电损耗，而在高频率碳纤维长度和含量对其介电损耗有着显著的影响。

14.4.4　高压脉冲电场电压对于碳纤维复合涂层杀菌性能的影响

采用方波脉冲进行高压脉冲电场实验，处理 30s、占空比 0.5 和频率 23.15kHz、电压为 11～19kV。实验表明，高压脉冲电场对附着在复合涂层的弧菌有着显著的杀菌效果。高压脉冲电场电压对碳纤维（5mm，0.1%）复合涂层杀菌性能的影响如图 14-4 所示，从图中可以看出随着电压的升高而逐渐增大。当电压超过 15kV 后趋向平衡，电压 11kV 时其杀菌率达 96.34%；电压 15kV 时其杀菌率达 99.69%，而电压为 19kV 时其杀菌率达最高为 99.97%。

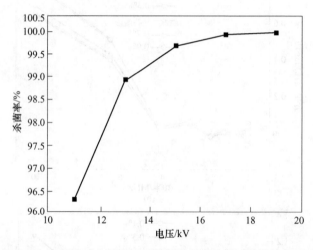

图 14-4　高压脉冲电场电压对碳纤维复合涂层杀菌性能的影响

14.4.5　高压脉冲电场频率对于碳纤维复合涂层杀菌性能的影响

采用方波脉冲进行实验，处理 30s，电压 15kV，占空比为 0.5，频率为 15.16kHz、17.86kHz、23.15kHz、32.05kHz、53.19kHz，高压脉冲电场下频率对碳纤维（5mm，0.1%）复合涂层的杀菌性能的影响如图 14-5 所示，测得涂层的杀菌率分别为 98.63%、99.17%、99.54%、99.61% 及 99.65%。从图中可以看出，随着高压脉冲电场频率的增加，涂层的抗菌性能明显增强，频率达到 23.15kHz 时，涂层杀菌率趋于平缓，在 52.19kHz 时涂层的杀菌率最高可以达到 99.65%。

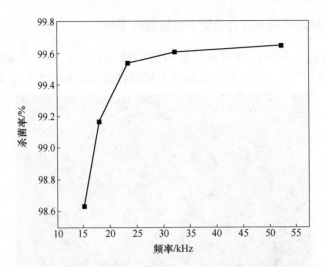

图 14-5 高压脉冲电场频率对碳纤维复合涂层杀菌性能的影响

14.4.6 高压脉冲电场占空比对于碳纤维复合涂层杀菌性能的影响

采用方波脉冲并且控制同一通电时间 30s、频率 23.15kHz 和电压 15kV 处理条件不变，改变占空比分别为 0.1、0.3、0.5、0.7、0.9 对碳纤维（5mm，0.1%）复合涂层的杀菌性能的影响见图 14-6。在同一脉冲频率和电压下，随着占空比增加，涂层的杀菌率呈现先增加后减小，最后趋向平缓的趋势。实验测得高压脉冲电场下占空比为 0.5 时，涂层的杀菌率达 99.9%，而占空比为 0.9 时杀菌率为 98.53%。

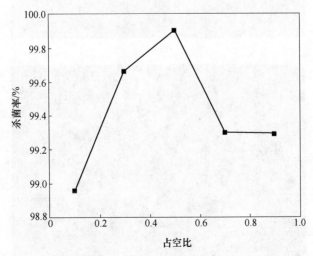

图 14-6 高压脉冲电场占空比对碳纤维复合涂层杀菌性能的影响

14.4.7　高压脉冲电场对复合涂层表面形貌的影响

图 14-7（a）～（d）分别为环氧树脂清漆涂层（a、b）和碳纤维（5mm，0.1%）复合涂层（c、d），经高压脉冲电场处理前后的扫描电子显微镜图像。由

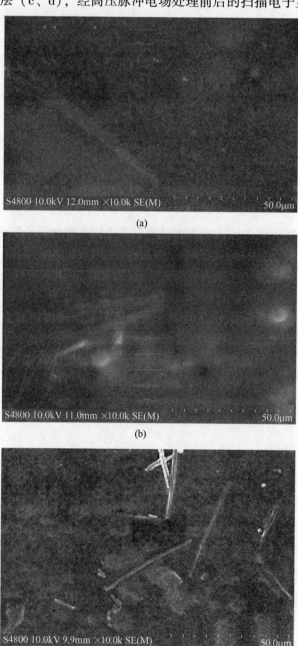

(a)

(b)

(c)

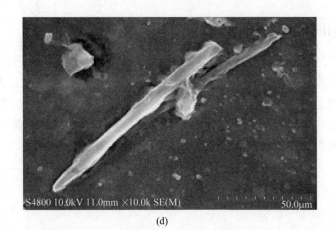

(d)

图 14-7 环氧树脂清漆涂层和碳纤维复合涂层表面形貌的扫描电子显微镜图像
（a）环氧树脂清漆涂层经高压脉冲电场处理前；（b）环氧树脂清漆涂层经高压脉冲电场处理后；
（c）碳纤维复合涂层经高压脉冲电场处理前；（d）碳纤维复合涂层经高压脉冲电场处理后

图 14-7（a）、（c）可知，掺杂碳纤维后的环氧防腐涂层表面粗糙度没有明显增加，说明掺杂 0.1% 的 5mm 碳纤维复合涂层中碳纤维没有较大团聚，涂层不易形成导电网络，涂层的介电损耗相应较低，因此涂层具有优良的介电性能。从图 14-7（a）～（d）的比较可以发现，复合涂层经过高压脉冲电场作用后，涂层表面仍然很平整且没有出现明显裂纹和粉化现象，对涂层影响不大，碳纤维复合涂层在经过高压脉冲电场作用后的稳定性可以保持相当长的一段时间，高压脉冲电场技术不足以对涂层的使用和有效性造成影响。

14.4.8 高压脉冲电场对复合涂层分子结构的影响

环氧树脂清漆涂层和碳纤维（5mm，0.1%）复合涂层经高压脉冲电场处理前后的拉曼散射图如图 14-8 所示。可以从图中发现 1343cm^{-1}，1452cm^{-1}，1610（1609）cm^{-1} 特征峰，这些峰的出现表明碳纤维复合涂层具有类似石墨的片层结构、复合涂层结构中存在缺陷，其有序度遭到破坏和涂层中存在 sp^2 杂化的非晶态碳。对比高压脉冲电场作用前后涂层结构，峰强变化不明显，表征碳的 sp^2 和 sp^3 杂化 C—N 键产生一定旋转。拉曼光谱结果表明，高压脉冲电场会对涂料的个别谱峰强度有微小影响，因为外加电场的存在，使得涂料中产生大量的导电粒子和载流子。带有正负异种电荷的导电粒子之间就会形成电偶极子，并且在外加强大交变电场的作用下，产生相对定向移动，使体系内电荷重新分布，各个基团的极化率发生变化，拉曼散射信号强度改变，拉曼谱峰强度随之产生略微变化。因此高压脉冲电场不足以对涂层结构产生影响，从而说明涂层具有良好的稳定性和有效性。

14.4.9　影响机理

上述实验结果表明，在表面能方面碳纤维复合涂层基体本身不具有明显的防污效果，碳纤维复合涂层的介电性能是由掺杂碳纤维的长度和含量共同决定的。异质复合材料，不仅其几何微结构是无序的，而且其中的输运（如热和电的输运等）动力过程也是无序的，两者相互关联和耦合。异质复合材料微结构阻元的连接和聚集对材料的宏观物理性质的作用。掺杂碳纤维的目的是在碳纤维复合涂层

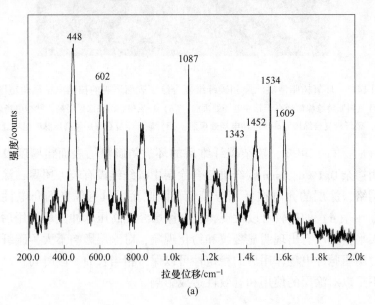

(a)

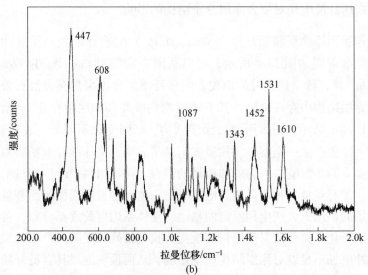

(b)

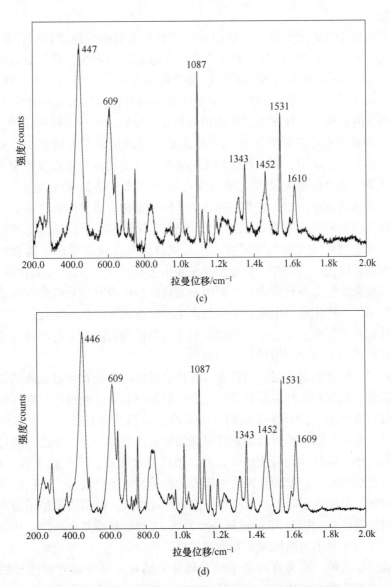

图 14-8 环氧树脂清漆涂层和碳纤维复合涂层的拉曼图谱

（a）环氧树脂清漆涂层经高压脉冲电场处理前；（b）环氧树脂清漆涂层经高压脉冲电场处理后；

（c）碳纤维复合涂层经高压脉冲电场处理前；（d）碳纤维复合涂层经高压脉冲电场处理后

中引入比较易于流动的载流子，以相互搭接形成纵横连通的导电通道。由于导电通道和隧道效应的存在，原先涂层中的孤立电子或导电粒子便能在通以高压脉冲电场时，能更轻易地越过势垒而流动，不仅能激励更强的极化，同时能克服介质电阻而消耗更多的电磁能量。因此碳纤维导电填料的掺入，能起到均匀体系内电压和加快细胞膜响应时间的作用，使细胞膜对外加电场和膜电位差的响应更为明显和频繁。

碳纤维掺杂对碳纤维复合涂层的介电常数有着鲜明的规律作用，在3mm碳纤维掺杂（0.1%~0.9%）时，对复合涂层介电常数的影响，质量分数起着主导作用，当掺杂7mm和5mm碳纤维时，复合涂层介电常数呈现出不一样的现象，即掺杂5mm的复合涂层介电常数在含量为0.3时最低；7mm碳纤维复合涂层在含量为0.5时最低。无规则系统中的阻元相互连接形成大小不同的集团，在一定条件下（如临界点或者临界阈值）将首次形成跨越整个系统的集团，实现长程连接。在热力学极限下，将出现无限大的集团，系统的性质将会发生突变。实际上许多介质中的电位移矢量 D 与电场强度 E 呈现出复杂的非线性关系。然而精确求解出逾渗阈值很困难，它与空间维数、网络结构等多种因素有关。

碳纤维含量和长度对复合涂层的介电损耗高低有着十分显著的影响。3mm复合涂层介电损耗随含量先增后减，5mm碳纤维复合涂层呈现出随含量递增的现象，而随长度进一步增加，介电损耗呈现出无规律性，掺杂5mm含量为0.1%的碳纤维复合涂层介电损耗最低。原因是复合涂层中含有能导电的碳纤维，在外加电场作用下，产生导电流，电流的产生必然造成相应的热损耗，从而致使基体材料升温并可能引起电击穿。因此，对于后期作为高压脉冲电场防污实验的基体，应尽量采用复合涂层损耗较低的材料。

涂层的介电性能对涂层抗菌性能及脉冲电场的均匀分布有着显著的影响。碳纤维的含量和长度对碳纤维复合涂层介电常数影响显著，通过调整碳纤维的含量和长度可以有效地控制复合涂层的介电常数，从而获得最佳的介电性能基体材料，而且碳纤维长度较长时其频响效应更加明显。当掺杂碳纤维的长度过大，碳纤维间距过小，碳纤维间发生电子迁移，形成导电通路，产生较大的介电损耗，而且复合涂层中相同长度碳纤维含量较大时容易发生团聚现象，涂层的气孔增加会导致材料的黏结强度降低，及材料中漏电损耗增大。依据实验结果分析，选择性能相对均衡优良的掺杂5mm质量分数为0.1%的碳纤维复合涂层，作为进行后续评估高压脉冲电场防污性能实验的基体材料。

实验结果表明，在海洋环境下高压脉冲电场对导电涂层有着优异的杀菌效果，杀菌率可达到98%以上。高压脉冲电场中电压、频率和占空比对涂层的杀菌率有着显著影响，在占空比为0.5和频率为23.15kHz时涂层的杀菌率随着电压的增大而增大。在频率为23.15kHz和占空比为0.5时涂层的杀菌率随着频率的增加而增加，但是23.15kHz和15kV时涂层的杀菌率随占空比的增大先增后减而后平缓。

高压脉冲电场的杀菌作用机制有多种假说，目前为大多数人所接受的是电崩解和电穿孔效应。Zimmermann 等人提出了电崩解理论，该理论假定细胞为球形，细胞的双层膜结构为等效电容，细胞受到电场作用时，细胞膜的两侧形成微电场，随电场强度的增大或处理时间的延长，跨膜电位不断变大，细胞膜的厚度则不断减小；当外加电场达到临界崩解电位差（生物细胞膜自然电位差）时，细胞膜上有孔形成，在膜上产生瞬间放电，使膜分解。1991 年 Tsong 提出了电穿孔理论，认为食品中微生物的细胞膜在强电场作用下产生穿孔或破裂，膜内物质外流，膜外物质渗入，从而导致微生物失活。

生物体是一种复杂的电解质，处于一定的电磁场环境下就会吸收一定的电磁能量。生物体吸收电磁能量的多少除与机体本身形状大小、生物组织的介电常数有关外，还与电磁波的频率等有关。微波辐射的功率、频率、波形、环境温度以及被照射的部位等会影响生物体被伤害的深度和程度。

高压脉冲电场作用下电压对涂层杀菌率有着十分显著的影响，其杀菌率可达99.97%，从实验结果可以看出杀菌率随电压的变化可以用跨膜电位解释。对于一个圆形的细胞，膜电位（U_m）可以用下面的公式计算：

$$U_m = 0.75 d_c E \cos\theta$$

式中　d_c——细胞的直径；

　　　θ——细胞膜外部电场方向与细胞半径方向的角度；

　　　E——电场强度。

当跨膜电位超过一个特定的阈值时，细胞膜被破坏，不同的细胞个体所需的阈值也不同，它与细胞的大小呈正比关系。因此对于较小的细胞，需要更高的电场强度才能破坏细胞膜，即在一定的场强下，较大的细胞更容易被杀死，随着存活的大细胞数量的减少，后续脉冲的杀菌效果平稳。因此，场强较低的条件下无法彻底杀灭细菌。

在高压脉冲电场下，频率对涂层的杀菌率有着十分显著的影响，随着频率增加其杀菌率也逐渐增加，而后趋于平缓。当通电时间一定的情况下，较高的脉冲频率可以加强高压脉冲电场对细菌的失活效率。这是因为虽然输入的脉冲能量相同，如果脉冲频率过低，两个连续的脉冲之间空余的时间就会较长，这样细胞就有足够的时间进行修复，从而降低了杀菌效果。

高压脉冲电场作用下占空比对涂层有着相当显著的影响，实验结果表明涂层的杀菌率出现先增后减然后趋于平稳的趋势，其杀菌率最高可达99.9%。当高压脉冲电场的占空比为0.5时，涂层的杀菌率达到最大值。由于频率一定时，占空比越大有效通电时间就越大，其杀菌率也会增大。但是随着占空比的增加其浓差极化增加，电流效应降低，细胞内外膜在不同脉宽外加电场作用下具有不同的时间效应，外膜充电完成后将维持最大跨膜电位至脉冲结束，但内膜的充电受到外膜时间常数的影响，脉宽过大或过小都将降低其电压，从而影响其电穿孔效应，使涂层的杀菌性能降低。合理选择脉冲占空比，能使涂层具有更加显著的杀菌性能。此外，随占空比的增加，电耗明显增加。因此，从兼顾净化效果和节省电耗方面考虑，占空比取 0.5 左右比较合适。

综上，高压脉冲电场参数对于碳纤维复合涂层杀菌性能的影响如下：

（1）复合涂层的介电性能可通过掺杂碳纤维的长度和含量进行控制，其中掺杂 5mm 质量分数为 0.1%的碳纤维复合涂层性能较为优异，可以更好地均匀场强和使复合涂层响应频繁。

（2）海洋环境下高压脉冲电场对弧菌具有显著的杀菌效果，杀菌率可以达到98%以上。在一定时间内电压、频率和占空比是影响涂层杀菌效果的主要因素，当在高压脉冲电场作用下的电压、频率和占空比分别为 15kV、23.15kHz、0.5 时，碳纤维复合涂层对弧菌的杀菌率达到99.97%。

（3）高压脉冲电场作用以后对涂层外观和涂层中官能团的影响很微小，说明高压脉冲技术对涂层抗菌具有良好的性能。

参 考 文 献

［1］ 吴进怡，柴柯，肖伟龙，等 . 25 钢在海水中的微生物单因素腐蚀［J］. 金属学报，2010，46（6）：755～760.

［2］ 肖伟龙，柴柯，杨雨辉，等 . 25 钢在热带海洋环境下海水中的微生物腐蚀及其对力学性能的影响［J］. 中国腐蚀与防护学报，2010，30（5）：359～363.

［3］ 吴进怡，肖伟龙，柴柯，等 . 热带海洋环境下海水中微生物对 45 钢腐蚀行为的单因素影响［J］. 金属学报，2010，46（1）：118～122.

［4］ 吴进怡，罗琦，肖伟龙，等 . 海水环境中弧菌对 45 钢腐蚀行为及力学性能的影响［J］. 中国腐蚀与防护学报，2012，32（4）：343～348.

［5］ Wu J Y, Xiao W L, Yang Y H, et al. Influence of pseudomonas on corrosion and mechanical properties of carbon steel in seawater［J］. Corrosion Engineering, Science and Technology, 2012, 47（2）：91～95.

［6］ 杨雨辉，肖伟龙，柴柯，等 . 碳含量和浸泡时间对碳钢热带自然海水腐蚀产物中细菌组成的影响［J］. 中国腐蚀与防护学报，2011，31（4）：294～298.

［7］ 柴柯，罗琦，吴进怡 . 海水及培养基中假单胞菌对 45 钢电化学腐蚀行为的影响［J］. 中国腐蚀与防护学报，2013，33（6）：481～490.

［8］ 柯睿，吴进怡，柴柯，等 . 热带海洋气候下海水中氧化硫硫杆菌和假单胞菌协同作用对 45 钢腐蚀行为的影响［J］. 腐蚀科学与防护技术，2014，26（5）：393～400.

［9］ Ke R, Chai K, Wu J Y. Synergistic effect of Iron Bacteria and Vibrio on carbon steel corrosion in seawater［J］. International Journal of Electrochemical Science, 2016, 11：7461～7474.

［10］ Song C L, Chai K, Wu J Y, et al. Effects of Pseudomonas on the deterioration of polysiloxane coating containing nano-silica in sea water［J］. Journal of Coatings Technology and Research, 2016, 13（5）：1～6.

［11］ Wang G, Chai K, Wu J Y, et al. Effect of Pseudomonas putida on the degradation of epoxy resin varnish coating in seawater［J］. International Biodeterioration & Biodegradation, 2016, 115：156～163.

［12］ 张倩，柴柯，吴进怡，等 . 高压脉冲电场作用下炭黑改性涂料的杀菌性能及电化学行为［J］. 中国科技论文，2016，11（10）：1196～1200.

［13］ 孙玉营，吴进怡，柴柯，等 . 高压脉冲电场结合炭黑复合涂层对硅藻活性的影响研究［J］. 中国材料进展，2017，36（4）：61～66.

［14］ Song C L, Chai K, Wu J Y, et al. Sterilization properties and electrochemical behavior of modified coatings［J］. Materials Performance, 2015, 54（12）：44～47.

［15］ 杨鹏鹏，吴进怡，柴柯，等 . 碳纤维复合涂层在高压脉冲电场下的杀菌性能研究［J］. 表面技术，2015，44（3）：126～132.